貫・福智山地の
自然と植物

熊谷信孝

海鳥社

貫山地 平尾台の景観

▲樋ヶ辻より見た羊群原全景，大小のドリーネが並ぶ（1999.11.14）
▼左＝茶ヶ床より大平山を望む。無数のピナクル群（1996.5.20）
　右＝茶ヶ床より岩山方向，所々に照葉樹の林がある（1997.8.31）

▶登山口から見た塔ヶ峰一帯。イワシデ林が紅葉している（1994.11.3）

▶大穴の外側の大岩壁。イワシデの紅葉（1994.11.3）

▼上＝大平山（おおへらやま）側から見た貫山。左は大穴の外壁（2001.4.4）
　下＝広谷全景。野火が入ると田畑の跡が現れる。湿地は下方左側にある（1994.5.19）

平尾台の植物群落

▶貝殻山西斜面ではヤブニッケイ・トベラなどにイワシデが混ざる（1994.11.3）

▲左＝ネザサ群落。平尾台ではネザサ草原が広い面積に広がる（1995.7.9）
　右＝大平台から大平山へ。ススキ草原のゆるやかな登りで草花も多い（1998.6.7）
▼左＝箱穴付近の秋のススキ群落。ススキ・オガルカヤ・マルバハギなどの草原（2000.11.8）
　右＝箱穴のイブキシモツケの群落（1995.5.13）

▲左＝ヤマツツジ群落。広谷の西側斜面の小尾根上に分布している。右上は貫山(2001.6.15)
　右＝茶ヶ床園地の秋の花園。ヒメヒゴタイ・シラヤマギク・ヤマハッカ・ヤクシソウなど(1996.10.13)
▶見晴し台付近のシランの群落(2000.5.21)
▼左＝広谷の上段の湿地。狭いが色々な湿生植物が生育する(1996.5.20)
　右＝広谷の下段の湿地茶色の部分(2001.8.18)

平尾台の ドリーネと 鍾乳洞

▶四方台から見た小穴
（ドリーネ）と大平山
（1999.11.3）

▲左＝大穴の壁の植生。大平山側からみた大穴（最も大きなドリーネ）の東側斜面の森林，上方は四方台（2001.6.26）
　右＝小穴の南側岩壁の植生。タブノキ・ヤブニッケイなどの照葉樹林（2001.5.23）
▼左＝底の浅いドリーネ。ススキやセイタカアワダチソウが生える（1998.4.20）
　右＝樹木やマダケなどの生えるドリーネ（1995.7.9）

▶樹木の生える古いドリーネ。タブノキ・ヤブニッケイなどの照葉樹に混じってエノキ・イロハモミジなどの夏緑樹が茂る（1998.4.20）

▼深いドリーネの垂直な壁の植生。ヤブレガサ・イワギボウシ・ツルデンダなどが着生している（1998.7.23）

▼上＝青龍窟の入口。平尾台で最も大きな鍾乳洞で苅田町の等覚寺の修験者の霊場、入口付近にタチデンダが見られる。国指定天然記念物（2001.6.15）
　下＝鍾乳洞内の照明の明かりで育つシダ植物（1998.7.22　牡鹿洞）

平尾台の火成岩の貫入とピナクル

▶鬼の唐手岩。広谷にあり火成岩が縦に貫入している（1997.3.30）
▼水平の貫入（左＝1996.10.13.　右＝1994.3.31）

石灰岩（ピナクル）の浸食
◀溶食ノッチ
▼雨食条溝

ピナクルには様々な表情があります

竜ヶ鼻の自然

▶竜ヶ鼻全景。上部はイワシデ群落、崖下の谷間にはケヤキ群落がある（1994.11.14）

◀上＝イワシデ群落。露岩の少ない所に形成されたイワシデ群落（1998.5.23）
下左＝カヤ群落。崖下の転石地に直径70cmものカヤがある（1998.4.26）
下右＝ケヤキ群落。谷間の急傾斜の転石地に成立している（1995.8.19）
▼露岩の多い急傾斜地のイワシデ群落（1999.5.21）

福智山地 福智山地の自然

▲福智山遠望。北九州市八幡西区木屋瀬中学校から望む。左から福智山，八丁の頂，鷹取山（2000.11.22）

▶福智山山頂部。山頂には巨岩があり斜面はクマイザサ群落になっている（2000.11.24）

▼左＝福智山山頂の登山者の賑い（1994.9.18）
　右＝雲海。南方に犬ヶ岳と英彦山の稜線，その中間に九重の山々も見える（2000.11.24）

福智山地の植物群落

▶福智山山頂部東斜面のススキ群落と鈴ヶ岩屋。遠景は平尾台（2000.11.24）

▲左＝牛斬山南面。上部はネザサ群落（1994.10.23）
　右＝ロマンスが丘から牛斬山に続く防火帯。ススキ群落で色々な植物が見られる（1993.10.11）
▼左＝山神川上流部のケヤキ群落。谷に沿ってケヤキ（紅葉）がある（1998.11.15）
　右＝福智山・烏落一帯のヤマボウシ群落。建物は荒宿荘（1997.6.5）

▲左＝シラキ群落。ホッテ谷上部のシラキの紅葉（1997.10.23）
　右＝アカガシ群落。東斜面九州自然歩道沿いのアカガシ林（1998.7.18）
▼左上＝コナラ群落。ホッテ谷のコナラ林（1997.10.23）
　左下＝イヌシデ群落。筑豊新道上部（直方市。1996.5.3）
　右＝シオジ群落。谷間の転石地にある（直方市。1996.5.3）

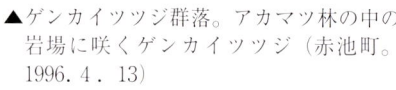

▲ゲンカイツツジ群落。アカマツ林の中の岩場に咲くゲンカイツツジ（赤池町。1996．4．13）

▶上＝シイ群落。ツブラジイ・スダジイ・ヤブツバキ・ヒサカキ・アオキなどの茂る林（小倉南区。1996．8．16）
中＝イヌシデ林の林床。キバナアキギリやアキチョウジが咲く（直方市。1993．9．15）
下＝権現山の皇后杉。樹齢約500年の巨木がある（1995．5．3）

▼福地川原流のコケ層の発達した転石の谷間（1994．4．29）

福智山地の滝

▲菅生の滝（道原貯水池上流。1993.5.3）
◀上＝白糸の滝（福智川。2001.6.21）
▼左＝大塔の滝（福地川。1997.4.13）
　中・右＝七重の滝（鱒淵貯水池上流。2001.4.14）

福智山地の石灰岩地

▶田川市夏吉の石灰岩地、通称ロマンスが丘の全景（1994.9.15）
▼上＝ロマンスが丘のピナクルの最も多い所。トベラが多い（1995.5.24）
　中＝方城町広谷石灰岩地（竜ヶ鼻）の全景（1999.11.7）
　下＝方城町広谷の紅葉したイワシデ林（1998.11.10）

▲イワシデの樹形（方城町広谷。1997.11.19）
▼方城町岩屋の石灰岩地。天狗鼻（1997.11.11）

香春岳の自然

春：金辺川の清流と香春岳
（1991.4.1）

夏：夕立の後，香春岳が黄金に輝いた
（1987.7）

秋：コスモス畑と香春岳
（1998.10.25）

冬：雪の日の香春岳
（1993.1.17）

香春岳の山容

▶二ノ岳から見た一ノ岳。標高491.8mあった山は削られて250m以下になっている（2001.4.6）

▲左＝三ノ岳から二ノ岳を望む。左側の台地は二ノ岳草原，二ノ岳の急峻さがわかる（1991.5.4）
　右＝二ノ岳西壁とイワシデ林の紅葉（1997.11.7）
▼左＝二ノ岳より見た二ノ岳草原と三ノ岳。紅葉しているのはイワシデ林（1992.11.8）
　右＝三ノ岳の石灰岩柱。現在は草原に樹木が茂って見にくくなっている（1985.5.12）

香春岳の植物群落

▲イワシデの亜高木林。二ノ岳（1998.8.4）
▼アラカシ林。二ノ岳の東斜面にあり、林内にはつる性の植物が多い（1998.8.4）

▲上＝岩の間に生育するイワシデ。二ノ岳山頂観音岩付近（1992.11.3）
　下＝岩上に生えるイワシデ。二ノ岳稜線部（1991.5.4）
▼ウラジロガシ林。二ノ岳山頂部の平坦地にあってタブノキやヤブニッケイなどを伴う。（1991.4.21）

香春岳の ニホンザル

▲群のリーダー（横も）
▼▶中・下＝グルーミング（毛づくろい）

▶子ザルの遊び
▼左＝雪の朝，アカンボをかばう母親
　中＝二足歩行，食物を持って10mくらいは平気
　右＝授乳

自然の活用と保護

▶山焼。早春に行われる山焼によって草原が維持されている（1997.3.2）

▲左＝畑地利用。平尾台ではピナクルのない所で畑作が行われている。吹上峠から大平山への登り（2000.7.22）
右＝台上の冷涼な気候を利用して、ダイコン・キャベツ・ハクサイなどの栽培が行われている（1998.6.7）
▶オフロード車やモトクロスによる自然破壊。中峠から周防台の間では何年たっても轍が消えない。左の帯は防火帯（1996.10.26）
▼五徳越峠から牛斬山への防火帯。今なお、モトクロスの侵入が絶えず、貴重な植物も失われている（2001.6.1）

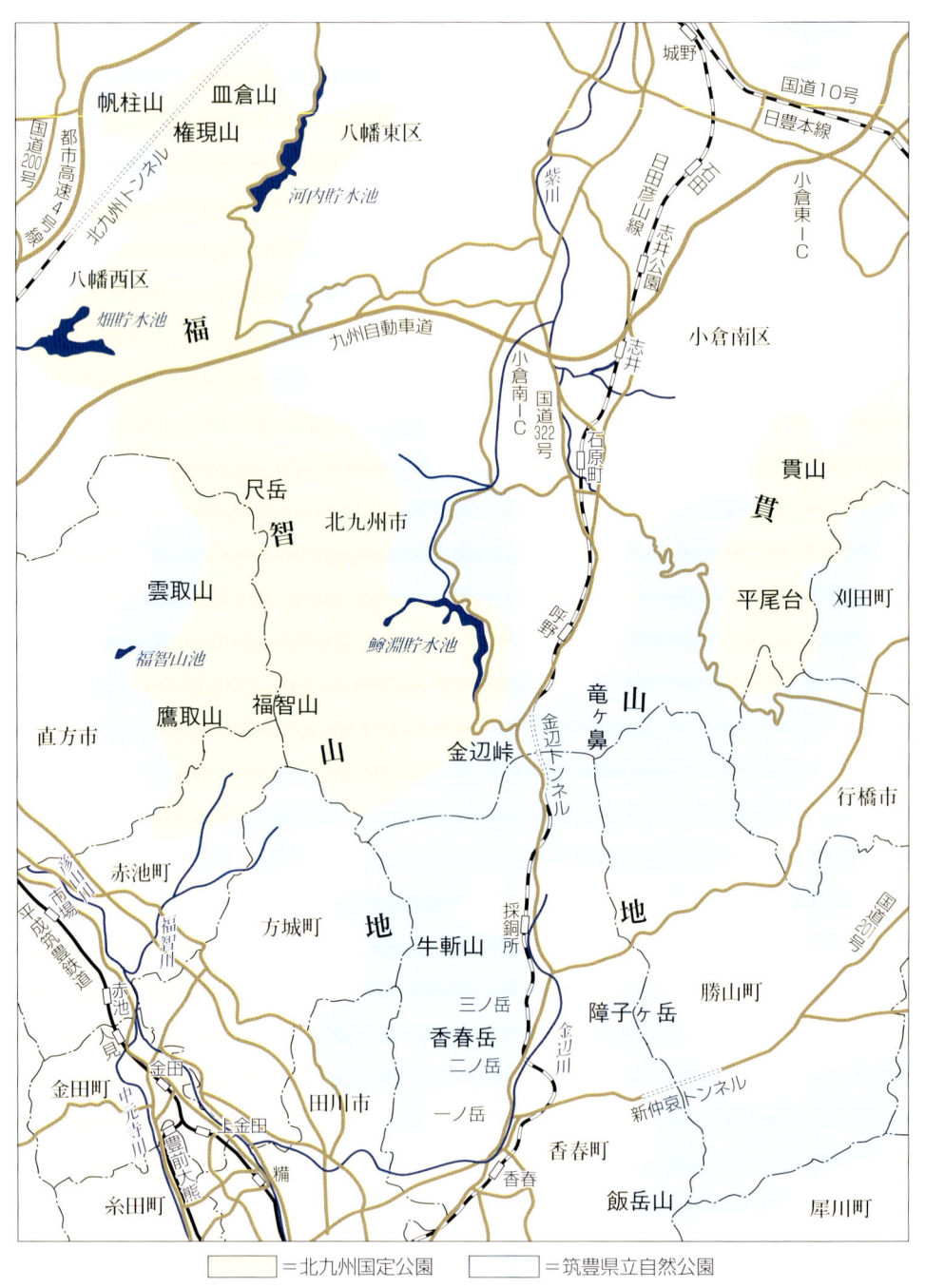

はじめに

　この本は貫山地（貫山・平尾台・竜ヶ鼻・飯岳山）と福智山地（皿倉山・尺岳・福智山・牛斬山・香春岳）の自然と植物を紹介しています。

　地図に示したように，当山域の大部分は北九州国定公園や筑豊県立自然公園に指定されており，自然は変化に富み，多様な生物が生存しています。しかし，近年，自然林の大規模な伐採こそ行われていないものの，香春岳や平尾台の一部では石灰石の採掘により，山が削られ植生が失われています。山焼や草刈が行われなくなった草原では温暖化の影響もあって，ススキやネザサの生育が旺盛で，密生し，かつ高茎化が顕著です。また，クズやセイタカアワダチソウの群落が形成されたり，樹木が侵入して森林に遷移している所もあります。これらのために，草丈が低く日当りのよい環境にしか生育しない植物は年々姿を消しています。平尾台や福智山に見られる山地の湿地でも，イネ科やカヤツリグサ科の植物，ノイバラやイヌツゲなどが繁茂して，モウセンゴケ，ミミカキグサ類，小形のラン科植物などの希少な植物の生存が危ぶまれています。山麓部ではほとんどの地で基盤整備が進み，山間の溜池や水路などでは改修工事により水草が消失しています。

　一見安定しているかに見える自然界ではありますが，実際には著しく変化しているものです。以上のような圧力にさらに人為による採取などの圧力が加わって，すでに絶滅したり，絶滅の危惧される種類は増えるばかりです。したがって，当山域に現在，どのような植物が生育しているかを記録しておく必要があると考えました。

　当山域には大きく次のような特徴があります。

　1．平尾台・香春岳・田川市夏吉岩屋に代表される石灰岩地には，石灰

岩地特有のイワシデ林やアラカシ林などの植物群落や多種多様な好石灰植物が見られること。
2．以上のような石灰岩地と福智山から牛斬山を経て田川市岩屋に至る稜線部には広大な二次草原があって，山地草原特有の植物が生育していること。
3．福智山を中心とした自然林では，イヌシデ－アカシデ林・アカガシ林・シイ林・ケヤキ林などが区分され，植物が豊富であること。

以上のような特徴をもとに自然を紹介しています。

調査の範囲は北九州市小倉南区・八幡東区・八幡西区，行橋市，直方市，田川市，京都郡苅田町・勝山町，田川郡赤池町・方城町・香春町に及び，山地のみならず山麓部の水田，ため池，谷川なども含まれています。

種子植物の写真の配列は系統を特に考慮せず，花や果実などの撮影日を基準に配置しています。便宜上，春（3・4・5月），夏（6・7・8月），秋（9・10・11月）と区切りをつけていますが，開花期は年により，また，標高や地形などによってもかなりのずれを生じますから，一応の目安にしかすぎません。シダ植物やそれ以外の植物は種子植物のあとに入れています。

植物は317種を紹介しています。当山域の最大の特徴は広大な石灰岩地のあることであり，石灰岩地には他の地質部分にはほとんど生育することのない好石灰植物が多数見られることです。

絶滅の危惧される植物については国（環境省）および福岡県の「レッドデータブック」によりカテゴリーを示しています。

絶滅危惧種については環境省も福岡県も絶滅の危惧の度合の高いものから，絶滅危惧ⅠA類（ごく近い将来における野生での絶滅の危険性が極めて高いもの），絶滅危惧ⅠB類（ⅠA類ほどではないが，近い将来における野生での絶滅の危険性が高いもの），絶滅危惧Ⅱ類（絶滅の危険性が増大し

ている種で，現在の状態をもたらした圧迫要因が引き続き作用する場合，近い将来絶滅危惧Ⅰ類のランクに移行することが確実と考えられるもの），準絶滅危惧（現時点での絶滅の危険度は小さいが，生息条件の変化によっては絶滅危惧として上位ランクに移行する要素を有するもの），情報不足（希少種であるが評価するだけの情報が不足している種）に分けられています。種の保全の立場からはそれぞれのカテゴリーを順番に最重要保護植物，重要保護植物，要保護植物，一般保護植物と理解していただきたい。

　植物の写真には撮影年月と撮影した山地とを示しましたが，詳細には種の保全上，上げることはできません。

　学名や国内外の分布については『日本の野生植物』（平凡社）を参考にしました。

　今回，海鳥社社長，西俊明氏のご厚意により出版していただくことになりました。スタッフの方々，殊に杉本雅子氏には一方ならぬご尽力をいただきました。深く感謝申し上げます。また，調査や撮影で多くの方々に現地を案内していただいたり示唆を与えていただきました。特に益村聖，筒井貞雄，須田隆一，豊福成史，大野睦子，時田房恵，「歌と植物を語る会」の方々には大変お世話になりました。また，平栗康，金子健太郎，福嶋一馬の方々には一部写真を提供していただきました。厚くお礼申し上げます。

　本書が自然を愛する人，とりわけ植物を愛する人々の当山域の理解と自然保護に役立つならば，私にとってこれ以上の喜びはありません。

　　2002年10月

熊谷信孝

貫・福智山地の
自然と植物

目　　　次

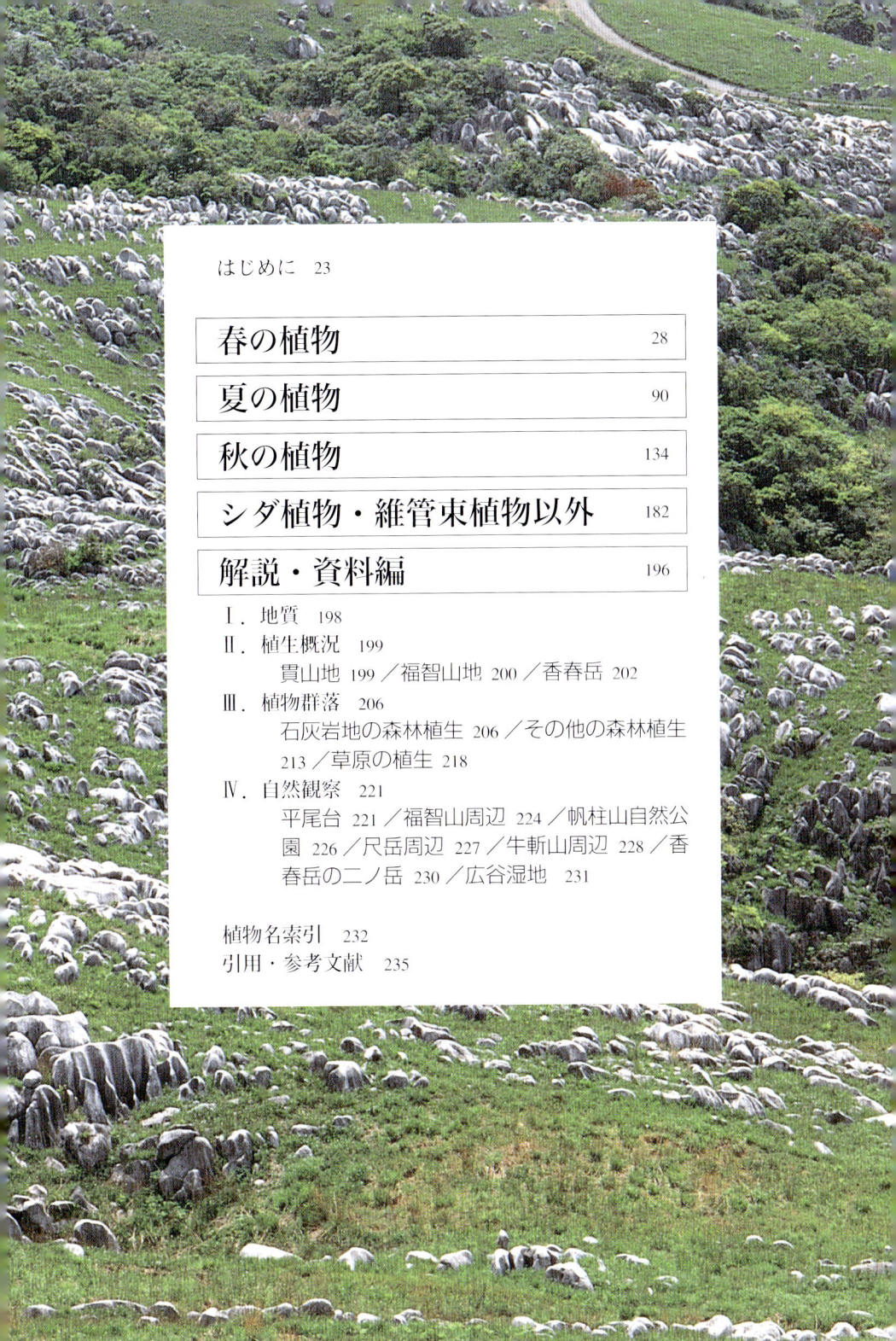

はじめに 23

春の植物　28
夏の植物　90
秋の植物　134
シダ植物・維管束植物以外　182
解説・資料編　196

  Ⅰ．地質　198
  Ⅱ．植生概況　199
      貫山地 199／福智山地 200／香春岳 202
  Ⅲ．植物群落　206
      石灰岩地の森林植生 206／その他の森林植生 213／草原の植生 218
  Ⅳ．自然観察　221
      平尾台 221／福智山周辺 224／帆柱山自然公園 226／尺岳周辺 227／牛斬山周辺 228／香春岳の二ノ岳 230／広谷湿地 231

植物名索引　232
引用・参考文献　235

春
の植物

平尾台の山焼

コショウノキ

Daphne kiusiana Miq.
ジンチョウゲ科

ジンチョウゲによく似た植物で照葉樹林帯の自然林や造林内に散生しているが、石灰岩地の林下に多く見られ、好石灰植物の1種ととらえてよいであろう。高さ1mあまりの常緑小低木で雌雄異株。花は1－3月に咲き白色で、前年枝の先端に10花くらい集まって頭状花序をなし、ほのかに香る。5月下旬頃、球状楕円形の長さ1cmほどの液果が赤熟する。液果は口にするとひどく辛いために「胡椒の木」の名がある。

分布：関東地方南部および京都府以西・四国・九州・琉球、朝鮮半島南部の諸島

花　1998．3　福智山地
果実　1998．5　貫山地

ミツマタ

Edgeworthia chrysantha Lindley
ジンチョウゲ科

和紙の原料として栽培されていたものが野生化（逸出）して広がったもので、北九州市小倉南区の頂吉一帯の林下に多い。高さ2mくらいまでの落葉低木で枝が3つに分かれて生長する特徴があり「三叉」の名がつけられた。秋に今年枝の上部葉腋につぼみをつける。頭状花序は30－50個の花からなり、3月下旬頃開花する。花は黄金色で美しい。萼筒の長さは10－15mm。葉は花が終わってから伸び、披針形で全縁。

分布：中国南部からヒマラヤ
1997．3　福智山地

30

センボンヤリ

Leibnitzia anandria (L.) Turcz.　　キク科

山地の林縁や草地に生える多年草でロゼット葉がある。頭花に春型と秋型の全く異なる2つの型がある。春型は高さ5－10cm。頭花は径約1.5cm、外側に舌状花が1列並び、中央に筒状花がある。舌状花は白色で裏面は紫色を帯びる。茎や葉の裏面にくも毛が密生していて白い。秋型は高さが30－50cmあって、閉鎖花ですべて筒状花よりなる。花茎には線形の小さな葉がついている。

分布：北海道－九州，南千島・サハリン・中国

花　　1994. 3　　貫山地
種子　1996.10　　貫山地

ツクシショウジョウバカマ

Heloniopsis orientalis (Thunb.) C. Tanaka var. breviscapa (Maxim.) Ohwi　　ユリ科

ショウジョウバカマ属にはショウジョウバカマ・ツクシショウジョウバカマ・シロバナショウジョウバカマがあるが分類が難しい。紫色の花は貫山地のもので、吉岡重夫が『北九州市の植物』(1964)でショウジョウバカマとしたものと同一のものと思われ、花は本州産のショウジョウバカマと同じ紫色である。しかし、花披片の形や大きさなどから、ここでは、ツクシショウジョウバカマとした。一般にツクシショウジョウバカマの花披片、雌ずい、葯などは白色・淡紅色・紫色などがあり変化に富む。ロゼット状の葉があり、3月下旬から4月に開花する。

分布：九州各県

紫花　1997. 3　　貫山地
白花　1996. 4　　福智山地

春の植物 | 31

ゲンカイツツジ

Rhododendron mucronulatum Turcz.
var. ciliatum Nakai　　ツツジ科

県内でゲンカイツツジの最も多い地域は英彦山地で，凝灰角礫岩の岩上に生育し，宝珠山村岩屋では福岡県の天然記念物に指定されている。当地では花こう岩上に生育している。高さ2mくらいまでの落葉低木で，多くの場合，細い幹が叢生している。若い枝には毛があり，葉は楕円形で両面と縁に毛がある。3月下旬－4月上旬，芽が動き始める前に枝先に紅紫色のきれいな花を開く。花の径は3－4cm。葉は晩秋にきれいに紅葉する。大陸系の植物。

分布：富山県・中国地方・愛媛県・
　　　福岡県・大分県・長崎県・熊本県，
　　　朝鮮半島南部
カテゴリー：絶滅危惧Ⅱ類（環境
　　　省），準絶滅危惧（福岡県）
1993. 4　福智山地

イワシデ

Carpinus turczaninovii Hance
カバノキ科

石灰岩地を代表する落葉低木ないし亜高木。香春岳の二ノ岳と三ノ岳，平尾台の竜ヶ鼻・塔ヶ峰，方城町広谷などにまとまった群落がある。岩上に生え，幹は多くの場合叢生し材は非常に硬い。4月上旬，新葉が伸び出す前に花をつける。雄花群はひも状で長さ1－3cm，垂れ下がり，赤色で枝全体を飾る。果穂は夏に熟し，長さ3－4cmで柄があり，緑色の葉の形をした果包の間にまるい小さな果実を抱く。葉は10月下旬，鮮やかとはいえないが紅葉する。大陸系の植物。

分布：中国地方・四国・九州，朝鮮
　　　半島・中国
カテゴリー：準絶滅危惧（福岡県）
花　　2001. 4　福智山地
果穂　1997. 7　福智山地

ヒトリシズカ

Chloranthus japonicus Sieb.
センリョウ科

平尾台，福智山，香春岳などに広く分布しており石灰岩地に多い。林内から草地まで生育環境もさまざまである。芽立ちの頃の茎の先端は筆先の形をしており，下部の3－4節は鱗片葉のみ，上部の穂先の部分は4個の葉のたたんだものである。葉は接近した上部の2節につき，中に花を包んでいる。花期は4月上・中旬。葉が少し開くと中から白い花がのぞく。花序は長さ1－2cmで花には花弁も萼もなく白い糸はおしべで，3本に分かれており，両側の2本の基部には葯がついている。よく似た名前のフタリシズカと共によく知られた植物である。

分布：北海道－九州，朝鮮半島・中国・南千島・サハリン

2001. 4　貫山地

エドヒガン

Prunus pendula Maxim.f.ascendes (Makino) Ohwi
バラ科

分布上まれなサクラで，幹は高さ20mにも達する。樹皮は暗灰色で縦向に浅い割れ目を生じる。枝先はヤマザクラよりも細くしなやかで，先がはね上がる傾向がある。花は3月下旬－4月上旬，葉より先に開き，前年枝の葉腋に2－5個ついて径1.5－2cm。花は小さいが数多くつく。実生によって増えるので花の色はいわゆるさくら色から濃紅色まで，個体により異なる。赤池町の上野峡の通称「虎尾桜」は濃色系で樹齢約600年の銘木。ほかにも赤池町や方城町，北九州市小倉南区などの山中に分布している。

分布：本州・四国・九州，朝鮮（済州島）・中国（台湾・大陸中部）

虎尾桜　1994. 4
枝（赤池町興国寺）　2001. 3

春の植物 | 33

モモ

Prunus persica Batsch　バラ科

香春岳では二ノ岳の南斜面の標高300m付近に散在している。一ノ岳にもあったが石灰岩の採掘が行われており立入りが禁止されているので現状不明。平尾台では羊群原にごく少数あるが、ほとんどが高さ2－3mの低木である。4月に開花して、9月に3.5cm×2.5cm位の小さな果実が熟すが食べられるほどのものではない。食用のモモは果肉が核から離れ難いものが多いが、野生のものは離核であり、人が山で捨てた種子から発芽したとは考えられず、古くから自生していたものと思われる。

分布：中国北部，我が国には有史以前に渡来

花　1994. 4　貫山地
果実　1994. 6　貫山地

キジムシロ

Potentilla fragarioides L. var. major Maxim.　バラ科

ミツバツチグリやツチグリとよく似ている。山地草原に普通の多年草で、太い根茎があり葉を根生する。生育条件がよければ写真のように沢山の茎を放射状に広げ、その外周に花が並ぶ。この形をキジの座る「むしろ」になぞらえたものであろう。茎は普通，赤褐色，全体に粗い毛があり，根生葉は奇数の複葉で3－7個，頂小葉が最も大きい。花期は4－5月，花弁は5個で黄色。花が終ると大きく生長し，別の植物と思えるようになることがある。

分布：北海道－九州，朝鮮半島

1994. 4　貫山地

オニシバリ

Daphne pseudo-mezereum A. Gray　ジンチョウゲ科

石灰岩地の林下にまれな落葉小低木。ナツボウズの異名があるように夏季に落葉し，冬に葉をつける変った植物である。葉は楕円形でやや薄い。はっきりしない雌雄異株で，花は数個－20個が集まってつき，4月上旬に開花し，緑色－淡黄緑色。写真は雌花である。液果は長さ約8mmの楕円形で6月に赤く熟すが，辛くて有毒といわれる。樹皮の繊維が非常に丈夫なことからオニシバリの名がある。好石灰植物の1種。

分布：福島県以西－九州中部以北

カテゴリー：絶滅危惧Ⅱ類（福岡県）

花　1994.4　貴山地
果実　1994.6　貴山地

ツクシタンポポ

Taraxacum kiushianum H.Koidz.　キク科

標高約100mの山麓部から山地草原まで生育するが，生育地はごく限られており，個体数も少ない。日当たりがよく他の草本類があまりこみ合ってない所に好んで生育する。花期は4－5月で，花茎を次々に上げる。花茎では頭花に近い所に白い綿毛がある。頭花の大きさは径9－12mm，総苞外片は内片に圧着しており，その長さは内片の1/2かそれより長い。それぞれの片の上端部には小形の小角突起がつく。花冠は黄色である。開花後花茎は1度地に伏し，後に再び立ち上がって高く伸長し果実を飛散させる。

分布：愛媛・福岡・熊本・大分・宮崎の各県

カテゴリー：絶滅危惧ⅠB類（環境省），絶滅危惧ⅠB類（福岡県）

1994.4　福智山地

春の植物 | 35

キビシロタンポポ

Taraxacum Hideoi Nakai ex Koidzumi.　キク科

1993年に時田房恵氏により貫山地で発見されたもので、分布の極めてまれな白花のタンポポである。低地に生育するシロバナタンポポとは、咲き始めの頃の花が淡黄色であり、後から出てくる花は中央部を除いて白色になること、総苞の外片は幅広く卵形で、内片に密着していること、総苞片の小角突起は大きくならず不明瞭であること、染色体数がシロバナタンポポが5倍体であるのに対し本種は4倍体であることなどの点で異る。花期は4－5月、花茎にはくも毛があり、特に若い蕾は全体がくも毛に被われている（『歌と植物を語る会』会報14号および発見者の私信による）。

分布：岡山県・福岡県、朝鮮半島

カテゴリー：情報不足（福岡県）

1997.4　貫山地　平栗康 氏撮影

ハシリドコロ

Scopolia japonica Maxim.　ナス科

県内では福智山地・英彦山地・古処山地などに生育するが、福智山地の群落が最大である。標高の高い夏緑樹林帯の湿気の多い谷間にある。比較的大きな根茎があり、年ごとに節が増え、各節に茎の跡を残している。3月下旬、周辺の植物より早く茎を伸ばす。若芽は柔かく、いかにも山菜として食べられそうであるが、実は全体にスコポリンという猛毒を含んでいる。花は長い鐘形で、ナスの果実の色を持ち、葉腋に1花をつけるが、花付きはあまりよくなく、また、花は咲いても果実をつけることはまずない。

分布：本州と九州、朝鮮半島

カテゴリー：準絶滅危惧（福岡県）

1994.4　福智山地

ユリワサビ

Wasabia tenuis (Miq.) Matsum. アブラナ科

普通，山間の渓流の岩上にまばらに生える多年草。福智山地にもあるが，平尾台では小さな浅いドリーネの底に群生しているところがある。写真には単生した本種の特徴のよく分るものをあげた。細くて小さな根茎がある。根出葉は比較的大きく，広心形で長い柄がある。3月，細い茎が伸びてその先に短い総状花序をつけ，花は白色。茎につく葉は小さく狭心形。茎は普通，斜上するが群生した場合には互に支え合って立ち，高さは30cmにもなる。すべての部分がワサビより小形である。

分布：北海道－九州
1994. 3　貫山地

ワサビ

Wasabia japonica (Miq.) Matsum.　アブラナ科

夏緑樹林帯の2箇所で生育が確認されているが個体数は少ない。根出葉は束生し，長い柄を持ち，円形で基部は心形，径5－10cm，縁に小さな波状の鋸歯がある。野生のものは茎葉はかなりよく茂っていても地下茎の発達は悪く，食用には向かない。茎ははじめ直立したものだけであるが，4－5月，開花期になると，さらに細くて長い花茎が伸び出してきて斜上または倒伏してその先にも花をつける。花はまばらに総状花序につき白色。同属のユリワサビよりはるかに大形である。

分布：北海道－九州
1994. 4　福智山地

春の植物 | 37

スズシロソウ

Arabis Flagellosa Mig.
アブラナ科

石灰岩地の明るい林内や林縁，またはドリーネの岩上などに生育する多年草。長さ4－7cmのへら形で縁に鋸歯のある根出葉がある。3月上旬から4月上旬，他の植物の開花に先立って，長さ3－10cmの花茎上に白色で十字形の花をつける。そして，花期の終りの頃に長い匍匐枝を出して広がる。香春岳では中腹から山頂部まで分布しているが比較的まれ。スズシロソウの名は花がスズナ，すなわちダイコンに似ているところからきているという。

分布：近畿地方以西―琉球
1993. 4　福智山地

コチャルメルソウ

Mitella pauciflora Rosend.　ユキノシタ科

標高の高い渓流の岩上に生える多年草で当山域ではまれである。同じ仲間のオオチャルメルソウは沢山ある。長く横に這う根茎があり，根出葉は広卵形－卵円形で基部は心形，縁は浅く5裂している。花茎は無葉で高さ15－20cm，短い腺毛が密生している。花期は4－5月，花は数個つき，萼筒は低い逆円錐形，花弁は紅紫色で長さ約4mm，羽状に細く7－9裂して，花時にはやや反り返る。花後沢山の走出枝を地中に出して広がる。

分布：本州・四国・九州
1994. 4　福智山地

トウゴクサバノオ

Dichocarpum trachyspermum (Maxim.)W.T.
キンポウゲ科

照葉樹林帯上部から夏緑樹林帯下部にかけてのやや湿り気のある林下にややまれな多年草。英彦山などの標高の高い所にあるサバノオほどではないが根元から出る葉は柄の基部が平らに広がって茎を囲む。葉身は1－2回分かれて小葉をつけるが葉先の切れ込みは少ない。茎は高さ10－15cm。花期は4月中旬で，花は白色。茎の基部に閉鎖花をつける。サバノオは果実の形がサバの尾のような形になるところからきている。

分布：宮城県以南の本州・四国・九州

1994．4　福智山地

ミツバコンロンソウ

Cardamine anemonoides O.E. Schulz　アブラナ科

福智山地の照葉樹林帯上部から夏緑樹林帯にかけての林下や谷川沿いなどに生える小形の多年草。茎は直立して高さ5－15cm。茎の下部の葉は退化し，上部に2，3個付く。葉は3出葉で柄があり，小葉には大きめの鋸歯がある。花期は4月，花は体の大きさに比べて大きく，花弁は白色。県内ではほかに英彦山地や釈迦岳山地に生育する。

分布：本州（関東以西）－九州

1997．4　福智山地

ツクシタニギキョウ

Peracarpa carnosa (Wall.) Hook. fil. et Thoms. var. pumila Hara　キキョウ科

山地林内の日陰に群生する多年草で高さは5－10cm。茎は細く径約1mm、地下を這い、やや枝分かれをして立ち上がり、各枝先に数個の円形の葉をつける。葉は大きいもので径約1cm、低い鋸歯を持ち、葉の縁と表面に短毛がある。また、葉の裏面が紫色を帯びる傾向がある。花期は4月中旬で、茎頂または上部葉腋に細長い柄をもつ花を1個つける。花は白色で、花弁には紫色の条が3－4本入る。

分布：本州・四国・九州
2001. 4　福智山地

ナツトウダイ

Euphorbia sieboldiana Morr. et Decne.
トウダイグサ科

福智山地では普通の植物であり、平尾台にも生育するが、県下の他の山地にはほとんど生育していない。福智山地では下部のスギ、ヒノキの林下から上部落葉林まで広く分布している。高さ30－50cmの多年草。茎頂に細長い楕円形の葉を5個輪生し、5本の枝を斜上する。枝は非常に小さな杯状花序を頂生し、さらに、二叉分枝を繰り返す。花序の下の苞葉は三角状卵形で対生している。夏燈台の名があるが、3月に茎が上がると直ぐに花をつける春一番の植物である。

分布：北海道ー九州、朝鮮半島
2001. 4　福智山地

オキナグサ

Pulsatilla cernua (Thunb.) Sprenger　キンポウゲ科

丘陵地や山地草原にごくまれな多年草。かつてはやや普通の植物であったが，草原の植物が高茎化したことや採取されたことにより減少した。細かく裂けた羽状の根出葉がある。花期は3月中旬から4月中旬で，花は高さ10cmあまりの花茎の先に1個つき，鐘形で暗赤紫色，下向きないし横向きに咲く。若い花茎，茎葉，萼の外側などが白毛に覆われている。花のあと花茎は高さ30-40cmに伸長し果実をつける。果実は花柱が伸び，羽毛状の毛をつけたそう果であり，風により飛散する。

分布：本州-九州，朝鮮半島・四国

カテゴリー：絶滅危惧Ⅱ類（環境省），絶滅危惧ⅠB類（福岡県）

花　1995.4　福智山地
果実　1994.5　貫山地

バイカイカリソウ

Epimedium diphyllum (Morr. et Decne.) Lodd.　メギ科

石灰岩地の林下にまれな多年草で小さな地下茎がある。葉は1-2回分枝して小葉をつける。小葉は極端な左右不相称形で，時に縁に刺状の毛がある。花期は4月中旬，花茎は高さ15-30cmで上方に径約1cmの梅花形の白い花を下垂するが距はない。花茎や葉柄は細い針金状で麦わら色，根元には昨年の枯れた花茎や葉柄が残っている。

分布：本州（中国地方）-九州

カテゴリー：絶滅危惧ⅠB類（福岡県）

1998.4　福智山地

ウンゼンカンアオイ

Heterotropa unzen (F. Maek.) F. Maek.　ウマノスズクサ科

山地の林下に生える多年草で当地では竜ヶ鼻や福智山に生育しているが、タイリンアオイと比べるとはるかに少ない。葉は広卵形や三角状卵形で基部は深い心形。葉の表面に白色の雲紋がある。花期は4月、花は暗赤紫色で落葉に埋れて咲くことが多く、径約2cmで萼筒は縦長の西洋梨形。萼筒や萼片の形態はタイリンアオイに近いが、花はやや小さく、上部のくびれがあまり目立たず、大株では1株に花が15-20個もつくなどの違いがある。写真では花がよく見えるよう葉を動かしている。

分布：大分県と宮崎県を除く九州各県

カテゴリー：絶滅危惧Ⅱ類（環境省）、福岡県には広く分布しているので未指定

1994. 4　福智山地

エイザンスミレ

Viola eizanensis Makino
スミレ科

落葉樹林帯下部の山道などに比較的普通に見られる。太く短かい根茎があり、葉は3全裂して、それぞれに柄がある。側裂片はさらに2裂して鳥足状になるが、ヒゴスミレのように細かく分かれることはない。花期は3月中旬から4月上旬、花は大きく、多くは淡紅紫色であるが、白色のものや濃赤紫色のものまで変化に富む。唇弁には濃紫色の太い条が走る。距は長さ6-7mm、幅2mmで濃紫色の小斑がある。果実は閉鎖花からでき、夏から秋につくられる。

分布：本州-九州

1997. 4　福智山地

タチツボスミレ

Viola grypoceras A.Gray　スミレ科

低地から山地まで広く分布している種類。横向きの短い地下茎があり、葉はハート形で鋸歯がある。普通、数本の茎が立つが、根出葉も茎葉もほとんど同じ形である。花期は4－5月で花は淡紫色、距は細く長さ6－8mm。本種に近い種類にナガバタチツボスミレがある。これは茎葉が基部の葉から上方に向かって幅広い三角形から披針形へと長くなるものである。

分布：北海道－琉球、朝鮮半島南部・中国　（中部・台湾）

1999.4　福智山地

ニオイタチツボスミレ

Viola obtusa (Makino) Makino　スミレ科

山地草原に多いスミレであるが、丘陵地や林縁部などにも生育する。茎は叢生して小さな塊をつくることが多い。根出葉は卵円形から楕円形で、茎葉はやや長くなる。花期は4－5月、花弁は円く濃紅紫色で花心は白く紫色の条が目立ち、芳香がある。

分布：北海道西南部－九州

1995.4　福智山地

春の植物

アケビ

Akebia quinata (Thunb.) Decaisne
アケビ科

落葉性のつる性木本。葉は掌状複葉で小葉は5個。花期は4月で花序は下垂し、小さな数個の雄花群と1-2個の雌花からなり、いずれも紫色。雌花の萼片は3個で大きく平開し、長さ約15mm、めしべは中心部に3-6個ある。雄花の萼片は小さく、反り返り、おしべを前に突き出している。液果は9-10月に熟し、紫色で裂開する。果肉は白色で食べられる。山野には小葉が3個のミツバアケビと本種とミツバアケビとの雑種とみられるゴヨウアケビがある。

分布：北海道－九州、中国
2001.4　福智山地

ムベ

Stauntonia hexaphylla (Thunb.) Decaisne　アケビ科

常緑性のつる性木本で、つるの直径が3cm以上になり高木にのぼっていることがある。小葉は5-7個掌状につき、厚く表面に光沢がある。雌雄同株で雌花と雄花がある。花は6個の萼片からなり、外側の3個が大きく内側は小さい。雄花は多数集まってつき雌花より小形で6本のおしべは合着して筒形になっている。雌花は普通、雄花群と少し離れてつき少数で、めしべは3個が離れている。液果は10-11月、アケビよりやや遅れて熟し、濃紫色で裂開しない。果肉は食べられる。写真は雄花群。

分布：本州（関東地方以西）－琉球、
　　　朝鮮半島・中国
花　　1995.5　福智山地
果実　2001.10　福智山地

メギ

Berberis thunbergii DC.
メギ科

山地林内にややまれに生育する落葉小低木で，石灰岩地に多い傾向がある。高さは100cmに達しよく分枝して，縦溝と稜がはっきりしている。葉の変化した刺が沢山あって刺さるのでコトリトマラズの別名がある。葉は楕円形で小さく長さ約1cm，秋に紅葉する。花期は4月中旬，総状の花序が短枝の先に垂れさがり散形状に数花をつける。花序の柄は紅色，花は黄緑色，径約6mm。果実は楕円形で赤熟する。名は目木で洗眼薬として使用されたためという。
分布：本州（関東以西）
　　－九州
1998. 4　福智山地

ザイフリボク（シデザクラ）

Amelanchier asiatica (Sieb. et Zucc.) Endl. ex Walp. 　バラ科

丘陵地や山麓に生育する落葉低木ないし小高木。かつて福智山の西側山麓には多数生育して花期には山が白く見えるほどであったが，現在では他の樹木が茂ったために少なくなった。葉は楕円形で，はじめのうち裏面に白色の軟毛が密生しているが，のちに落ちる。花期は4月中旬，花は枝先に総状につき，それが采配になぞらえられた。花弁は5個で長さ15mm，幅5mmあまりの細長い楕円形。果実は径6－10mmの球形で頂端に反り返った形の萼裂片があり黒熟する。
分布：本州（岩手県以南）－九州，朝鮮半島
1995. 4　福智山地

春の植物 | 45

チョウジガマズミ

Viburnum carlesii Hemsley var. bitchiuense (Makino) Nakai　スイカズラ科

高さ2mあまりの落葉低木で岩上に生育する好石灰植物。芽や若い枝に星状毛がある。葉は円く、縁に小さな鋸歯があり両面とも毛がある。花は4月、茎の先端に多数集まってつき、丁字形で、蕾の時は赤紫色、のちに白色になるが、外側は筒部を含めて紅色を帯びる。あまり強くはないが芳香がある。果実は長楕円形で赤色からのちに黒熟する。

分布：中国地方の各県、香川県・愛媛県・福岡県

カテゴリー：準絶滅危惧（環境省）、絶滅危惧Ⅱ類（福岡県）

全体　1991.4　福智山地
拡大　2001.4　福智山地

オモト

Rohdea japonica (Thunb.) Roth　ユリ科

多数の園芸品種があり、生け花の材料としても使われるが、その野生種である。平尾台や福智山にあるが個体数はあまり多くない。花期は5－6月、高さ約10cmの花茎に多数の花が穂状に密生してつく。球形の液果は径約1cmで11月に赤く熟し、翌年の花期まで付いていることがある。山中で写真のようにきれいな果実のつくことは珍しいので、とりあげた。

分布：本州（関東以西）・四国・九州、中国

1996.4　福智山地

リュウキュウコザクラ

Androsace umbellata (Lour.) Merrill　サクラソウ科

山間の水田の畔などに生える小型の一年生または越年生の草本で全体に毛がある。葉は卵円形で多数の鋸歯があり，多くは長さ1.5cm以下，帯紅紫色で地ぎわに集まってつく。花期は4月。長さ5－10cmの細い花茎上に3－12個の花を散形花序につける。花冠は白色で，径5－8mm，時に紅色を帯びる。体が小さいので花期以外は発見することが困難な植物である。

分布：本州（中国地方）－琉球，朝鮮半島・中国・東南アジア

カテゴリー：情報不足（福岡県）

2002.4　貫山地

フデリンドウ

Gentiana zollingeri Fawcett
リンドウ科

照葉樹林の林下や林縁，ネザサ草原などに生育する越年草でややまれ。高さは5－10cm。茎葉は広卵形でやや厚く，裏面は赤紫色を帯びることが多い。花期は4－5月，花は茎の上部につき青紫色。日を受けて開く性質があるので，雨天や曇天時には気付かず見過ごしてしまう。体の大きさに比べて花は大きく，きれいなものである。

分布：北海道－九州，サハリン・朝鮮半島・中国など

1996.4　福智山地

春の植物 | 47

ヤマシャクヤク

Paeonia japonica (Makino) Miyabe et Takeda
キンポウゲ科

本種は深山の自然林の中に生育するものであり、当山域のような標高の低い所に生えることは極めてまれといわざるを得ない。以前にはかなりあったといわれているので、採取により減少したものであろう。今では数株があるだけの希少な植物である。

太い根茎があり、茎は高さ30－40cm、上部に数個の葉を互い違いにつける。4月、茎頂に径4－5cmの大きな白い花を1個上向きにつける。花弁は5－7個、めしべは2－4個、おしべは多数。

分布：本州・四国・九州
カテゴリー：絶滅危惧Ⅱ類（環境省）、絶滅危惧ⅠB類（福岡県）
1994．4　貫山地

ヒメハギ

Polygala japonica Houtt.
ヒメハギ科

日当たりのよい乾いた草原にややまれな常緑の多年草。草本類があまりなく、土が剥き出しになっているような環境によく現れる。茎は細くて硬く、長さ10－20cm。葉は長さ1－2cmの楕円形で互生。花期は4－5月、花は茎の上方につき紫色で5個の萼片があり、2個の側萼片が花弁状になっている。この部分は花が終ると大きくなり、紫色は色退せて緑色に変化する。花弁は3個でその中の下側の1個は先端に房状の付属体をもち、花時によく目立つ。

分布：北海道－琉球、朝鮮半島・中国など
1994．4　貫山地

ホタルカズラ

Lithospermum zollingeri DC.　ムラサキ科

平尾台や香春岳などの日当たりのよい乾いた草地に生える多年草で，平尾台には多いが他ではまれ。細い茎が短く地を這い，全体にあらい毛がある。葉は長楕円形。花期は4－5月，花は高さ10－20cmの茎の上部につき，径15－18mm，きれいな青紫色で，花の中央部に5本の白い隆起がある。花後基部から横に這う茎がのび，それが発根して次年の苗になる。

分布：北海道－琉球，朝鮮半島・中国

1991.4　福智山地

サツマイナモリ

Ophiorrhiza japonica Blume
アカネ科

水しぶきのかかるような渓流の岩上，湿気の多い林内などに群生する多年草で広く分布している。茎は地を這って枝分かれして立ち上がる。葉は長楕円形で裏面脈上に曲がった毛がある。花期は3－5月，花はラッパ形で長さ約1.5cm，枝先に10－20個集まってつき，白色，しおれると茶色に変色する。

分布：本州（関東南部以西）－琉球

1995.4　福智山地

春の植物 | 49

キランソウ
Ajuga decumbens Thunb.
シソ科

山麓から山地までの路傍，林下，草原などにごく普通の多年草。へら形で縁に低い鋸歯のあるロゼット葉があり，そこから茎が出て四方に這うが，節から根は出さない。花期は3－5月，茎の葉腋に花をつける。花は濃紫色で上唇は短くて2裂，下唇は大きくて3裂し，その中央の裂片はさらに浅く2裂している。

分布：本州－九州，朝鮮半
　　　島・中国
1995. 4　福智山地

マムシグサ
Arisaema serratum (Thunb.) Schott　サトイモ科

山地の林下，林縁，草原などに広く生育する多年草。全国的には多くの変異があり，当山域でも多少の変異が認められる。花期は4－5月，花と見られる仏炎苞には緑色，帯紫色，黒紫色などの変異があり，緑色系には白い条のないものもあるが，紫色系のものには白い条がある。仏炎苞の先端の舷部はあまり長く伸びない。写真で開口部にのぞいている突起は下部の筒の中にある花序の付属体である。雌雄異種。果実は液果で10月に赤く熟し，林下にあって目立つ。

分布：北海道－九州，朝鮮
　　　半島・中国など
花　1994. 4　福智山地
果実　1997. 10　福智山地

フモトスミレ

Viola sieboldii Maxim.
スミレ科

丘陵地や山地の道端などにややまれな小形のスミレ。葉は卵形ないし広卵形で基部は心形、表面に白い斑の入ることが多く、裏面は紫色を帯びる。花期は4－5月、花は白色で唇弁は他の弁より短いのが特徴で、唇弁や側弁に紫色の条が入る。距は短く2－3mm。

分布：本州（関東以西）・
　四国・九州

1994.4　福智山地

シコクスミレ

Viola shikokiana Makino
スミレ科

福智山地では夏緑樹林帯上部に少数生育している。県内では英彦山地や釈迦岳山地に分布している。地下茎は細く横に這って伸び、葉は2枚前後の少数で葉身は広卵心形で先は長く尖っている。葉身の縁には独特の形をした鋸歯があり、基部は心形、葉脈が深く裏側に落ち込んでいるのも特徴である。花期は4月下旬から5月上旬で、花は白色、唇弁が他の弁より小さいので4弁のように見えることがある。距は短く2－3mm。

分布：本州西部・四国・九州

カテゴリー：絶滅危惧Ⅱ類
　（福岡県）

1996.5　福智山地

ヤマブキ

Kerria japonica (L.) DC.
バラ科

高さ1－2mの落葉低木。幹は多数叢生して基部は茶褐色であるが上部は緑色で白色の髄がある。香春岳や平尾台に群落があり、好石灰植物の傾向が強い。花期は4月下旬から5月上旬で、花は側枝の先に単生する。花弁は黄色で5個あり、平開する。庭園ではよく八重咲きのヤエヤマブキが栽培されるが野生のものは一重である。花期をすぎると花弁は色退せて白くなる。

分布：本州・四国・九州
全体 1997.4 貫山地
拡大 1991.4 福智山地

シロバナハンショウヅル

Clematis williamsii A. Gray
キンポウゲ科

好石灰植物。日当たりのよい低木にからまって伸びるつる性の半低木で、葉は3個の小葉に分かれており、葉柄部分で他物に巻きつく性質がある。小葉はさらに3中裂して鋸歯がある。花期は4月、花は葉の展開に合せて葉腋につき、長さ2－3cmの細い柄の先に下垂する。萼片は4個で、長さ1.5－2.0cmの広楕円形、はじめ淡緑白色、のちに黄白色になる。質は薄く、ややしわがあり、外面に白色のやわらかい長毛がある。イワシデ林を代表する植物である。

分布：本州（関東地方南部・近畿地方南部）・四国・九州
カテゴリー：準絶滅危惧（福岡県）
全体　1995.4　福智山地
拡大　1991.5　福智山地

ヤマフジ

Wisteria brachybotrys
Sieb. et Zucc.　マメ科

つる性の大形木本。林内にあって樹木にのぼることが多いが，香春岳や平尾台の草原では岩の間にあって，つるは伸びず，小低木の形になっている。つるは左下から右上へ巻き，フジと巻き方が反対である。小葉は4−6対でフジより少ない。花序は長さ10−20cmであまり長くならない。花期は4−5月，個体により色の違いが認められる。

分布：本州（近畿以西）・四国・九州

1995.4　福智山地

フジ

Wisteria floribunda (Willd.) DC.
マメ科

各地の藤棚で栽培されているものである。普通，林内にあって樹木にのぼっている。つるは右下から左上に巻く。小葉は5−9対でヤマフジより多い。花序は長さ30−80cmで垂れ下がる。花は花序の基部から咲き始め，先端に向うが，その間に花序も伸長する。花期は5月で藤色・紫色・淡紅色など個体により多少色が異なる。当山域ではフジよりもヤマフジの方が多く見られる。

分布：本州・四国・九州

1995.5　貫山地

クロバイ

Symplocos prunifolia Sieb. et Zucc.　ハイノキ科

山地にややまれな常緑の高木。福智山の西側山麓の赤池町上野堀田地区には群落があって，4月下旬に山は白い花で飾られる。しかし，高木であるために花を手にとって見ることは難しい。葉は楕円形で光沢があり，低い鋸歯を持ち，葉先は尾状に伸びている。葉柄は紫褐色。花序は長さ5－10cm，花は白色で径約8mm，白色で多数のおしべが目立ち芳香がある。

分布：本州（関東地方以西）－琉球，朝鮮半島南部
1999.4　福智山地

ツルミヤマシキミ（ツルシキミ）

Skimmia japonica Thunb. var. intermedia Komatsu f. repens (Nakai) Hara　ミカン科

高さ60cmくらいまでの常緑の低木で照葉樹林帯上部から夏緑樹林帯にかけて分布している。幹の下部は地を這い，上部は斜上する。葉は互生するが上部では集まって輪生状になる。花は4－5月枝先に円錐花序につき，雌雄異種で白色の花弁は4個ある。果実は液果で赤熟し球形で径約8mm，花と果実が共存することがある。仏事に使うシキミは当山地にも多いが，これはシキミ科に属し本種とは関係がない。

分布：本州（関東以南）・四国・九州の冷温帯気候の地
花　1994.4　福智山地
果実　1996.4　福智山地

ヤマルリソウ

Omphalodes japonica
(Thunb.) Maxim.
ムラサキ科

林下，渓流沿いなどにややまれに生育する多年草。倒披針形で長さ5－15cmの根出葉はロゼット状に広がる。茎は斜上して長さ5－15cm，茎葉は基部では茎を抱いており比較的大きいが，上部では小さくなる。花期は4－5月，花は茎の先にまばらにつき，径約1cmで淡青紫色。花冠は5裂し，中心部には円形に突起がある。花が終ると花柄は下を向き，萼が大きくなる。

分布：本州（福島県以南）－九州

1996．5　福智山地

ニリンソウ

Anemone flaccida Fr. Schm.　キンポウゲ科
夏緑樹林帯上部の林下にまれな多年草。地中を這う走出枝で広がる。根出葉は高さ5－8cm，3全裂して側裂片はさらに2深裂し，各裂片はさらに羽状に分かれている。葉には小さな白斑が入る。花期は4－5月。花茎は高さ10－15cm，茎の上部に葉を輪生し，その上部に花をつける。花は径約2cm，本山域では体が小さく根出根は沢山あっても花付きはよくない。ニリンソウというが1輪のことが多い。茎や葉は初夏には枯れてしまう。

分布：北海道－九州，サハリン・朝鮮半島・中国

1996．5　福智山地

春の植物 | 55

ミツバツチグリ

Potentilla freyniana Bornm.
バラ科

日当たりのよい山地草原に普通の多年草。堅い肥厚した根茎があり、ひげ根を沢山つけている。葉は3個の複葉。花茎のほかに匍匐枝をつける点が花の似たキジムシロなどと異なる。花期は4-5月、花弁は黄色で5個、花が終ると葉は大きくなり、匍匐枝を四方に長く伸ばして先端に新しい子がつくられる。

分布：本州-九州、朝鮮半島・中国・ウスリー・アムール

1991. 5 福智山地

ツチグリ

Potentilla discolor Bunge
バラ科

日当たりのよい乾いた草地に生える多年草。平尾台では比較的普通に見られるが、山焼の行われない香春岳や田川市夏吉の草原などでは激減している。根生する葉は3-7個の羽状複葉で、葉柄と葉の裏面は白い綿毛に被われている。花茎は斜上し、長さ20-30cm、先の方で枝分かれして数個の花をつける。花期は4-5月、花弁は5個で黄色、萼片にも外側に綿毛がある。

分布：本州（愛知県以西）-九州、朝鮮半島・中国
カテゴリー：絶滅危惧Ⅱ類（環境省）、絶滅危惧Ⅱ類（福岡県）

1995. 5 貫山地

カワヂシャ

Veronica undulata Wall.
ゴマノハグサ科

山麓部の水田の溝のふちや川岸などに生える越年草で、茎は直立して高さ20－50cmで中空。全体無毛で茎の径は10mmに達する。葉は対生し柔らかく、基部で茎を抱き、縁にはあらい鋸歯がある。花期は4－5月、葉腋から長さ5－15cmの細い花序を出し多数の小さな花をつける。花弁は4個で円く、ほぼ平開し、上部の3個には赤紫色の条があるが下部の1個は白色で小さい。近年、水田の基盤整備などにより減少している。

分布：本州（中部以西）・四国・九州・琉球、中国・南アジア・インド

カテゴリー：準絶滅危惧（環境省）、準絶滅危惧（福岡県）

2001.5　福智山地

ジロボウエンゴサク

Corydalis decumbens (Thunb.) Pers.　ケシ科

夏緑樹林帯の林下にまれな、非常に繊細な多年草。地下にまるい塊茎があって茎と葉を伸ばす。葉柄、花茎ともに細く柔らかいために落葉などで体を支えていることが多い。葉は長い柄の上方で2回程度枝を分け小葉をつけるが、小葉は2つか3つに裂けることが多い。花茎は高さ5－10cmで普通2個の葉をつける。花期は4－5月、花は体の割に大きく長さ15－20mmで紅紫色。

分布：本州（関東以西）－九州，中国

1996.5　福智山地

ギンリョウソウ
Monotropastrum humile (D. Don) Hara
イチヤクソウ科

山地林内の腐植土に生える全体白色の腐生植物で、4－5月頃に出現する。薄暗い照葉樹林下に生えることが多いのでユウレイタケの別名がある。茎は分枝することなく鱗片葉に包まれており、1本だけのこともあるが、普通は多くが集まって生じる。花は茎の先にやや下向きにつく。萼片と花弁とで筒形の花をつくる。花柱の先端は広がって柱頭となり、その外側に葯が輪形に並ぶ。萼片と花弁は果期まで残っている。

分布：北海道－琉球，サハリン・千島・朝鮮半島・中国

1991. 5　福智山地

カラタチ
Poncirus trifoliata (L.) Rafin.
ミカン科

中国原産の落葉低木で、当山域では香春岳の二ノ岳・三ノ岳・平尾台に自生している。高さ約3m、茎には長くて丈夫な刺がある。花は5月上旬に咲き、白色で芳香がある。果実は10月に黄色に熟し、これにも独特の芳香がある。方城町の石灰岩地にはユズの自生があり、関の山の山頂では夏蜜柑が育っていることなどからすると、柑橘類は石灰岩地に向いているようである。

花　　1991. 5　福智山地
果実　1995.10　福智山地

コメガヤ

Melica nutans L.　　イネ科

やや小形の多年草で，当山域ではおもにイワシデ林内にあって，香春岳の二ノ岳ではやや普通であるが，三ノ岳や平尾台ではまれである。葉は線形で長さ15cmくらい。小さな株になっている。茎はやや弓形になって斜上し，長さ20－40cm，花序は総状で10－15個の外見が米粒に似た小穂が短い柄に下がってつくられる。小穂は長さ6－8mmの楕円形で，外側は赤紫色を帯び，芒はない。

分布：本州（関東以西）－九
　　　州，朝鮮半島・中国
1996.5　福智山地

ヒメウツギ

Deutzia gracilis Sieb. et Zucc.
ユキノシタ科

高さ1mくらいまでの落葉低木。岩場を好む植物で本山域では渓流の岩壁や石灰岩地ではおもにイワシデ林内の岩上に生育している。葉は長楕円形や狭卵形で先は尖っている。葉の表面には柄のある星状毛が散生するが，裏側にはない。花期は5月上旬，枝先に円錐花序につき，花筒や萼裂片には小さな星状毛がある。

分布：本州（関東以西）・四国
　　　・九州
1991.5　福智山地

春の植物

コバノチョウセンエノキ
Celtis biondii Pampan.
ニレ科

落葉小高木。県内に広く生育しているが石灰岩地に圧倒的に多く、好石灰植物の1種と見ることができる。石灰岩地の岩場では高さ2－3mのものが多い。樹皮は灰色で時にごつごつした突起がある。葉身は倒卵形で中部以上に鋸歯があり、先端は尾状に伸びているのでエノキと区別できる。花期は5月、写真は雌花を示す。子房は卵形で毛があり、花柱は2つに大きく分かれている。果実は秋に黄褐色、のちに黒色に熟す。

分布：本州（近畿以西）－
　　　琉球、朝鮮半島・中国
1991．5　福智山地

ナンゴクウラシマソウ
Arisaema thunbergii Blume subsp.thunbergii
サトイモ科

当山地では極めてまれに林下に生育する。葉は1個で、開花株では上部で鳥足状に12－22個の小葉に分かれ、高さは約40cm、葉柄は汚紫色。花期は4月中－下旬、花序の高さは12－15cmで、葉の高さの1/3くらい。仏炎苞の筒部の径は約2.5cm、舷部の先は長さ4－7cm、次第に尖っている。筒部は淡紫色で濃紫色の縦縞と小斑があり、舷部のへり付近は濃紫色、仏炎苞の内面は全面濃紫色。付属体は口辺部のふくれた部分は淡黄色で密にしわがあり、外部では次第に細くなり、先は糸状に伸びて長さは約30cm。

分布：山口県・四国・九州の各県
2001．5　　福智山地

60

タイリンアオイ

Heterotropa asaroides Morr. et Decne.
ウマノスズクサ科

当地にあるカンアオイの仲間は本種とウンゼンカンアオイの2種だけである。しかし、後者の分布はごく限られているので、目にするもののほとんどはタイリンアオイである。丘陵地から山地まで、自然林はもとよりスギやヒノキの人工林まで広く分布している。葉には白い斑に似た雲紋をもつものが多く、個体により異なっている。花期は4月中旬－5月上旬、花の萼筒の径は3－3.5cmもあり大きく暗紫色で落葉に埋れて咲くこともしばしばである。萼筒の外側には網目状の溝、内側には格子が明瞭。

分布：島根・山口・福岡・大分・佐賀・熊本の各県

2001.5　福智山地

イチハツ

Iris tectorum Maxim.　アヤメ科

もともと中国原産の植物で栽培される植物であるが、当山域では2箇所で野生化しており、山地に自生している例は県下では他にない。ほとんど露出した形の短く分枝した黄色の根茎があり、葉は剣形。花期は5月上旬で、高さ20－30cmの花茎上に2－3花をつける。花は青紫色で外花被片には濃紫色の斑点が散在しており、中央から基部にかけて白色のとさか状突起があり、内花被片は外花被片より狭いがともに平開する。

1996.5　福智山地

春の植物 | 61

イブキシモツケ

Spiraea dasyantha Bunge　　バラ科

好石灰植物。石灰岩の割れ目、時には石灰岩上の窪みに生える落葉小低木。幹は高さ150cmになることがあるが多くは叢生して1m以下。葉は卵形から広卵形で長さ2－5cm、葉身の中部から先に鋸歯があり、葉の表面はざらざらしている。花期は4月中旬－5月上旬、岩上では高さ20cmくらいの小さな株にも花がつく。花は白色で花弁はまるく、花序は散房状で、庭木のコデマリによく似ている。

分布：本州（近畿以西）・四国・
　　　九州、朝鮮半島・中国
カテゴリー：準絶滅危惧（福岡県）
全体　1993.5　貫山地
拡大　1991.5　福智山地

コキンバイザサ

Hypoxis aurea Lour.　　キンバイザサ科

山地草原に極めてまれな多年草。地下に芋状の塊茎があり、数枚の葉を生じる。葉は線形で幅約3mm、長さ5－15cm、全体に長毛がある。花期は5－6月、普通花茎は5－10cmと長いとされているが、写真では高さ約3.5cmであった。花は普通1個つき黄色で平開し、径約1cm、花被片は6個で、おしべも6本、花全体に長い毛があるが、外花被片の先端背面には長毛が集中して見られる。

分布：本州（宮城県以南）－琉球、中国（南
　　　部・台湾）・マレーシア・インド
カテゴリー：情報不足（福岡県）
2001.5　貫山地

タツナミソウ

Suctellaria indica L.
シソ科

山地の道端や丘陵地の草地などで普通に見ることのできる多年草。茎は短く這った地下茎から立ち上がり，高さ15－30cmで白色の開出毛が多い。葉は数対あって広卵心形から三角状卵形で先端はまるく両面とも軟毛が多い。花期は5－6月，花序は頂生し，花は青紫色で下唇に紫点がある。ときに白花がある。

分布：本州－九州，朝鮮半島・中国など
紫花　1997.5　　貫山地
白花　2000.5　　福智山地

アマドコロ

Polygonatum odoratum (Mill.) Druce var. pluriflorum (Mig.) Ohwi　　ユリ科

平尾台や香春岳などの日当たりのよい乾いた草地に生育する多年草で時に小群落を形成する。茎は高さ20－40cmで稜角があり上部は弓状に曲がる。葉は長楕円形で裏側はやや白い。花期は5月，花は葉腋に普通は1個下垂し，花筒は白色で先端部は緑色を帯びる。液果は黒紫色に熟す。名前は根茎がトコロに似ており甘味があるところからきている。

分布：北海道－九州，朝鮮半島・中国
1997.5　　貫山地

春の植物 | 63

ナルコユリ

Polygonatum falcatum A. Gray　ユリ科

林下から草原にかけてやや普通の多年草。太い根茎があり茎はまるくアマドコロのような稜角がない。高さは40－60cmで上部は弓形に曲がる。葉は長楕円状披針形で裏面脈上にわずかに突起がある。花期は5－6月、葉腋から2－5個の花を下垂し、花筒は長さ15－20mmで基部は緑白色であるが先の方は緑色。よく似た種類にオオナルコユリとアマドコロがある。

分布：本州－九州、朝鮮半島・中国（東北）
2000.5　福智山地

キビノクロウメモドキ

**Rhamnus yoshinoi Makino
クロウメモドキ科**

好石灰植物。県内では当山域の石灰岩地にのみに見られる分布の限られた落葉低木ないし小高木で個体数も少ない。細い枝の部分は紫褐色で光沢があり、長枝の先には丈夫な刺がある。葉の先はやや尾状に尖り、主脈と支脈が明瞭である。長枝の葉は多くは互生している。雌雄異株で花期は5月、花は小さく黄緑色。果実は径5－6mmの球形で黒熟。よく似た種類にクロウメモドキがある。

分布：本州（中国地方）・四国・九州、朝鮮半島・中国
カテゴリー：絶滅危惧Ⅱ類（環境省）、絶滅危惧Ⅱ類（福岡県）

花　1991.5　福智山地
果実　2000.10　貫山地

ムサシアブミ

Arisaema ringens (Thunb.) Schott
サトイモ科

普通，海岸近くの林の中に生える多年草であるが，香春岳や平尾台にも生育している。香春岳では山麓部の社寺林内に多く生育しており，二ノ岳では標高370mのヤブニッケイ林内にも見られる。平尾台では林内やドリーネの壁にも数は多くないが生育している。葉は大きく2個あり，それぞれが3つの小葉に分かれている。花柄は低く5－10cmで，仏炎苞は大きく，暗紫色や緑色で，隆起した白条があり，コブラの頭部を感じさせる。

分布：本州（関東以西）－琉球，朝鮮半
 島南部・中国
1995.5　貫山地

エビネ

Calanthe discolor Lindl.　　ラン科

当山域に生育する春咲きのエビネ類はエビネ・キエビネ・ソノエビネ（タカネ）の3種である。これらのエビネ類は1970年代後半のエビネブームの頃に乱獲され一時姿を消していたが，最近になってようやく開花が見られるようになってきた。エビネはジエビネとも呼ぶ。林内のほか草原に生えることもある。花茎の高さ20－40cm，花被片は暗褐色，唇弁は帯紅色または白色のものが普通であるが，花被片が紫褐色で唇弁の桃色のものはアカエビネ，花被片が緑色で唇弁が白色のものはヤブエビネなどと呼ばれ変異が多い。

分布：北海道西南部－琉球，済州島
カテゴリー：絶滅危惧Ⅱ類（環境省），
 絶滅危惧Ⅱ類（福岡県）
1994.5　貫山地

春の植物 | 65

キエビネ

Calanthe sieboldii Decne.
ラン科

キエビネは樹下に生育するが、エビネに比べると、もともと少ないうえに、花の色が林の中でよく目立つために発見されやすく乱獲された。エビネに比べ全体に大形で花の色は黄色で唇弁の中裂片が2つに分かれていないなどの違いがある。茎の高さは40-60cm、まばらに10-20花をつける。生育環境、開花期などはエビネと同じ。

分布：本州(兵庫、和歌山、山口県など)・四国・九州、済州島
カテゴリー：絶滅危惧ⅠB類（環境省）、絶滅危惧ⅠA類（福岡県）
1999.5　福智山地

ソノエビネ

Calanthe sieboldii Decne × bicolor Lindl.
ラン科

ソノエビネはタカネともいう。エビネとキエビネとの自然交雑種であるために、親にあたるエビネがどのような特徴をもっていたかにより花被片や唇弁などにさまざまな変化がある。普通キエビネと同じくらいの大きさがあるが、花はエビネに近い形や大きさのものもあって、エビネなのかソノエビネなのか判断し難いこともある。

分布：キエビネの分布範囲に同じ
カテゴリー：エビネ・キエビネに準じる
1994.5　福智山地

イワガラミ

Schizophragma hydrangeoides Sieb. et Zucc.　ユキノシタ科
落葉性のつる性木本。林内では樹木にからんで伸びている場合もあるが，当山域ではドリーネの壁や大きな石灰岩上を這っているのが目立つ。葉は広卵形であらい鋸歯があり，先は尖っている。花期は5－6月，花序は径10－20cm，外周にある装飾花の萼片は1個で卵形または広卵形。よく似た植物のツルアジサイには装飾花の萼片が4個ある。普通花の花弁は白色で5個である。

分布：北海道－九州
2001. 5　貴山地

カマツカ

Pourthiaea villosa (Thunb.) Decne. var. laevis (Thunb.) Stapf.
バラ科
若い二次林や林縁部などにやや普通の落葉低木。若い茎，葉柄，葉の裏側の主脈などに軟毛がある。花期は5月で枝先に散房状に10－20花をつける。花は径約10mmで花弁は白色。果実は倒卵形または楕円形で10月に赤熟し，長さ約10mm，頂端に直立した萼片と花糸の一部をつけており，リンゴのような風味がある。若い茎や葉の裏の綿毛の程度によりワタゲカマツカやケカマツカが区分される。

分布：北海道－九州，朝鮮半島・中国
花　1995. 5　貴山地
果実　1995.10　福智山地

春の植物 | 67

ゲンカイモエギスゲ
Carex genkaiensis Ohwi
カヤツリグサ科

福智山地の山麓部の数箇所に自生地があるだけの極めてまれな多年草で、この地が原品地になっている。林下に生育しており、タイワンスゲに似ているが、雌花の鱗片の先が突端とならず、果胞はやや幅が広く、口部の嘴が短く、稜上中央部のくぼみの不明瞭な点が異なる。

分布：香川県・福岡県
カテゴリー：絶滅危惧ⅠB類（環境省），絶滅危惧ⅠB類（福岡県）
1999.5　福智山地

イワツクバネウツギ
Zabelia integrifolia (Koidz.) Makino
スイカズラ科

石灰岩上に生育する落葉小低木。高さは30－150cm，幹は叢生し，6条の縦溝がある。葉は対生して倒卵形や卵形など，全縁か時に大きな鋸歯がある。花期は5－6月，花には4個の萼片があり，花は高杯状で平開する。花冠は白色で淡紅色を帯びるものが多いが，中には写真のように濃赤紫色のものがある。花の後も4個の萼片はつくばね状に残る。

分布：本州（中西部）・四国・九州
カテゴリー：絶滅危惧Ⅱ類（環境省），絶滅危惧ⅠB類（福岡県）
1994.5　貫山地

コマユミ

Euonymus alatus (Thunb.) Sieb.
f. striatus (Thunb.) Makino
ニシキギ科

山地の岩の多い環境によく生育する落葉低木で高さは1－3m。石灰岩地には特に多くありイワシデ群落の主要な構成種である。枝は緑色でコルク質の翼のあるものはニシキギ、翼のないものはコマユミと区別される。山地には庭木のニシキギのように翼の発達したものはないが、方城町岩屋にはニシキギの範疇に入るものがある。花期は5－6月。集散花序で1－2cmの柄があり花は黄緑色。秋には鮮やかに紅葉し、果実は橙赤色で裂開して1個の種子を出す。似た種類にマユミがある。

分布：北海道－九州、サハリン・朝鮮半島など
花　　2001. 5　　福智山地
紅葉　1992.11　　福智山地

ジャケツイバラ

Caesalpinia decapetala (Roth) Alst. var. japonica (Sieb. et Zucc.) Ohashi　マメ科

川辺や原野に生える植物であるが、当山域では石灰岩地に多く分布している。枝は岩上や樹木にからまって伸びる。枝にははげしい逆向きの鋭利な刺がある。葉は羽状の複葉で葉軸、葉柄にも逆刺があって、衣服にひっかかると前に進めなくなる危険な植物である。花期は5月、花序は長さ20－40cmあって直立し、多数の花をつける。花は黄色で萼は黄緑色、おしべは赤色を帯びる。のちに大きな豆果が少数つく。

分布：本州（宮城県・山形県以南）－琉球
1993. 5　　貫山地

春の植物

キジカクシ

Asparagus schoberioides Kunth
ユリ科

石灰岩地にごくまれな多年草。茎は長さ50－100cm，斜上して広がる。葉は退化していて葉のように見えるのは小枝であり，葉状枝と呼ばれる。葉状枝は葉腋に3－7個つき，長さ10－20mm。雌雄異種で，花は5－6月に咲き淡緑黄色。液果は球形で9月頃赤く熟す。属名はAsparagusで食用のアスパラガスの仲間である。

分布：北海道－九州，朝鮮半島・中国・シベリア東部など
花　1997.5　福智山地
果実　1993.9　福智山地

シラン

Bletilla striata (Thunb.) Reichb. fil.　ラン科

多年生の地生蘭。平尾台には多数生育しているが，福智山や香春岳にはなく，分布が限られている。ドリーネなどの日当たりのよい斜面を好む。太い偽球茎を持つ。花期は5月，花はやや大形で紅紫色，高さ30－40cmの花茎上に数個つける。萼片と側花弁は長楕円形，唇弁は3裂し，側裂片は蕊柱を巻き，中裂片は前に伸びて縦のひだが数条ある。

分布：本州中南部－琉球，中国
カテゴリー：準絶滅危惧（環境省），準絶滅危惧（福岡県）
1993.5　貫山地

コヤブデマリ
Viburnum plicatum Thunb.
var. parvifolium Mig.
スイカズラ科

上部山地林内，林縁にやや普通の落葉低木で高さ1－4m。葉は楕円形や倒卵形で，小さな鋸歯があり，葉脈は表面でわずかにへこみ，裏側に突出する。花期は5－6月，散房花序はほぼ垂直の枝の上につき，花は平らに並ぶ。花序の径は5－10cm，周囲に数個の装飾花が並ぶ。装飾花は径2－4cm，白色で不同に5裂し，そのうちの1つは特別小さい。正常花はクリームがかった白色で径約5mm。
分布：本州・四国・九州
2001．5　福智山地

ケマルバスミレ
Viola keiskei Mig.　**スミレ科**

県内では分布の限られた種類で，当山域では福智山地にごくまれに見られる。夏緑樹林帯下部の小石まじりの比較的乾燥した斜面に育成する。葉は円心形で柔らかく，葉や葉柄に毛が多い。花期は4月中旬－5月上旬。花は白色で花弁は大きく全体が丸い形になり，唇弁には紫色の条が入る。花柄は長さ5－10cmで無毛。花期がすぎると葉はさらに大きくなる。
分布：本州－九州，朝鮮半島
1999．5　福智山地

春の植物 | 71

ツクシタツナミソウ

Scutellaria laeteviolacea Koidz.
var. discolor (Hara) Hara
シソ科

シソバタツナミの変種で山地の渓流沿いなどのやや湿気の多い木陰を好む。当山域のタツナミソウ属では葉のまるいタツナミソウに次いで多く見られる種類。シソバタツナミよりも大形で、高さ10－25cm、地下の短い茎から直立し、茎には上向きの曲がった毛がある。葉は3－4対がまばらにつき、三角状長卵形で先はやや尖る。表面の主脈や側脈付近に白い斑がしばしば入り、裏面はうすい紫色を帯びるものがある。花期は5－6月で花穂は長さ1－6cm。花冠は紫色で、基部ではほぼ直角に曲がって立ち長さ約2cm。

分布：本州（西部）・九州
2001．5　福智山地

ノヤナギ

Salix subopposita Miq.
ヤナギ科

山地草原に生える高さ20－30cmの小低木で生育地がごく限られている。細い枝が分かれて斜上している。葉は小さく長楕円形で裏面には軟毛が密生していて白色である。花期は4月、雄花穂は長さ1－2cm、雌花穂は長さ8－10mm、葉の展開する以前に開花する。種子には白い束毛があって、それが柳絮となって風に乗り飛散する。写真は飛散する直前の姿である。

分布：分布は限られており中国地方西部・四国北西部・九州北部のみ
カテゴリー：情報不足（福岡県）
1994．5　貫山地

クロミノサワフタギ
Symplocos tanakana Nakai
ハイノキ科

高さが3mに達する落葉低木で、香春岳や田川市岩屋の石灰岩地などにあるが、個体数は限られている。葉は長楕円形で細かな鋸歯があり、裏面に軟毛がある。花期は5月、花序はやや円錐形、花は白色で径約8mm、おしべが目立つ。果実は卵球形で黒色に熟す。

分布：本州（中国地方）・四国・九州，朝鮮半島
1993.5　福智山地

コツクバネウツギ
Abelia serrata Sieb.et Zucc.
スイカズラ科

稜線のような日当たりのよい乾燥した場所を好む高さ2mくらいまでの落葉低木。樹皮は淡灰色で不規則に裂け、枝はのちに中空になる。葉は卵形から卵状披針形。花期は5月、花は若い枝先に2－6個集まってつき、花冠は長さ10－20mmで黄白色、喉部に橙色の網目模様がある。花冠の裂片は5個、おしべの先は花冠より少し出ている。萼片は普通2個で時にそれ以上ある。日本固有種。当山域には本種に似たオオツクバネウツギの記録があるが未確認である。

分布：本州（静岡県中部・長野県南部・福井県以西）・四国・九州（屋久島）
1996.5　福智山地

春の植物 | 73

サイハイラン
Cremastra appendiculata (D.Don) Makino　　ラン科

山地、山麓の乾いた林床にやや普通の地生蘭。卵形の偽球茎があり、地面に倒れた葉を1個つける。葉には黄色のまるい斑の入るものがある。花期は5月、高さ20−40cmの花茎上に20−30花を密に、やや下向きにつけ総状花序となる。花序が采配を想起させるところからこの名がある。花は萼片や側花弁は長い披針形で淡い紅褐色、唇弁は全長の2/3が蕊柱を抱え、先端部分で3裂し濃赤紫色。

分布：北海道−九州、サハリン・朝鮮半島南部・中国

1993.5　福智山地

サワオグルマ
Senecio pierotii Mig.　　キク科

草原の中の湿地、日当たりのよい林縁の湿地、水田の溝などに生える多年草で時に群生している。当山域では開発により、生育に適した環境があまり残っていない。根出葉はロゼット状で春先には白いくも毛を密生している。茎は直立して高さ30−60cm、柔らかくて中空。はじめのうちはくも毛があり、茎葉の基部は茎を抱く。頭花は茎の先につき、黄色で舌状花冠は長さ10−15mm、幅約2mm。

分布：本州−琉球

1994.5　貫山地

74

オカオグルマ

Senecio integrifolius (L.) Clairv. subsp. fauriei (Lév. et Vant.) Kitam.　　キク科

日当たりのよい乾燥した草原に生える多年草で平尾台ではやや普通。根出葉はロゼット状で長楕円形、長さ5－10cm、両面にくも毛がある。花期は5－6月、花茎は高さ20－50cm、茎葉は少なく、上部になるにつれて披針形になる。花茎や茎葉にもくも毛が密生している。頭花の数はサワオグルマほど多くなく、数個のことが多い。

分布：本州―九州，朝鮮半島・中国
2000.5　貫山地

カノコソウ

Valeriana fauriei Brig.
オミナエシ科

山地のやや湿った草地、林縁などを好み、平尾台、福智山、香春岳などに広く分布している。平尾台のドリーネの底や縁の部分には大きな群落ができることがある。細長い地下茎があり、茎は高さ40－100cm、葉は対生し、下部の葉には長柄があり羽状に全裂し、上部の葉の柄は短い。花期は5－6月で、淡紅色の美しい小花が多数集まって集散花序をなす。花冠は5裂。日陰では花は白くなる。

分布：北海道―九州，朝鮮半島・中国・サハリン
2000.5　貫山地

春の植物 | 75

タカサゴソウ

Ixeris chinensis (Thunb.) Nakai subsp. strigosa (Lév. et Vant.) Kitam.　キク科

日当たりのよい山地草原に生える多年草で，平尾台，香春岳などに分布が限られている。周辺の植物がまばらかまたは背丈の低い場所を好むので，草原の維持ができず，植物が密生したり，高茎化する中で，減少し続けている。根出葉があって，茎は高さ20－40cm。花期は4－6月，頭花は径2cmで，うすい紫を帯びた白色。小花は25個くらい。

分布：本州－九州，朝鮮半島

カテゴリー：絶滅危惧Ⅱ類（環境省），絶滅危惧Ⅱ類（福岡県）

2000.5　貫山地

ガマズミ

Viburnum dilatatum Thunb.
スイカズラ科

丘陵地や山地の林縁部などに普通の高さ3mくらいまでの落葉低木。枝には白色の髄がある。葉は卵形から円形で，長さ5－10cm，両面とも脈上に毛がある。花期は5－6月，枝の先に散房花序につき，径5－10cm。花は白色でにおいがあり，おしべが長く突き出し，花糸は白い。果実は10－11月に赤く熟し食べられる。似た植物にコバノガマズミ，サイコクガマズミなどがある。

分布：北海道（西南部）－九州（種子島）

1994.5　福智山地

ヤマカシュウ
Smilax sieboldii Miq.
ユリ科

香春岳や平尾台などの日当たりのよい林内に生育するつる性の半低木で好石灰植物の1種。茎は細く，普通径3－4mm，稜があり，多数の刺がある。葉は卵形で長さ5－10cm，先は尖っている。長い巻きひげで他物にからまる。花期は5－6月，花披片は長楕円形，淡黄緑色で反り返らない。液果は球形で10月に紫黒色に熟す。

分布：本州－九州，朝鮮
　　　半島・中国
花　　1991.5　　貫山地
果実　1994.10　貫山地

コバノフユイチゴ
Rubus pectinellus Maxim.
バラ科

福智山の上部山地にまれな，フユイチゴより小さな常緑低木でマルバフユイチゴともいう。茎は細く匍匐して，所々で根をおろす。白毛を密生し，また，まっすぐな細い刺があり，葉柄にも同様の毛や刺がある。葉身は円形で基部に近い主脈と支脈付近に帯紫色の斑が入る。花期は5－6月，花は枝の先に1花つき，長さ15－20mmの大形の萼があり，花弁は白色。果実は赤く熟す。

分布：本州・四国・九州
　　　1994.5　　福智山地

春の植物

ツルアジサイ

Hydrangea petiolaris Sieb. et Zucc.　ユキノシタ科

丘陵地から山地にかけて見られる落葉性の藤本で、多数の気根を出して、岩や幹を這って伸びる。今年枝は茶褐色、古くなると灰色で樹皮が縦にはがれる。葉は長い葉柄があり、葉身は卵形または卵円形で先は尖り、縁に鋭い鋸歯がある。花期は5－6月、花序の径は10－15cm、装飾花の花弁に似た萼片は4個で円い形をしており白色。ふつう花の花弁は5個あるが早落して、おしべとめしべだけが残る。写真はまだふつう花の咲く前の状態である。

分布：北海道―九州、サハリン・朝鮮半島南部など

1994. 5　福智山地

ハコネウツギ

Weigela coraeensis Thunb.
スイカズラ科

本州中部太平洋側の海岸地帯に自生する落葉小高木であるが、かつて土地の境界線の目標として植えられたことがあり、おそらくそれらが元になって生育しているものと思われる。田川市のロマンスが丘・牛斬山の稜線部、平尾台などに少数見られる。高さ3mを超え、よく茂り、葉は楕円形で大きい。花期は5－6月、花冠ははじめ白色であるが、日数が経つにつれて赤味を増し、最後は濃紫色になる。

1999. 5　福智山地

ヒメレンゲ
Sedum subtile Mig.　　ベンケイソウ科

渓流沿いの岩場，滝の水しぶきのかかるような岩上にコケ植物と共に生えることが多い。普通，多数集まって群落をつくっているが，香春岳や竜ヶ鼻の岩上ではまばらに生えている。花茎は高さ5－10cmで茎葉は互生してまばらにつき，花のない茎には密につく。花期は5－6月，花序は頂生する。花を真上から見ると星形で，めしべは5本，おしべは花弁より短い。
分布：本州（関東以西）－九州
1994.5　福智山地

ギンラン
Cephalanthena erecta (Thunb.) Blume
ラン科

小形の地生蘭，1株だけで生えていることが多く，福智山地・貫山地とも見られるが，よく似た種類のキンランよりもさらに少ない。茎は高さ10－20cm，2－5個の葉をつける。葉は長楕円形で互生し，基部で茎を抱く。花期は5－6月，白色の花を数個つけるが，あまり大きくは開かない。
分布：本州－九州，朝鮮半島
1994.5　貫山地

春の植物 | 79

キンラン
Cephalanthera falcata (Thunb.) Blume
ラン科
山地や丘陵地の疎林内や山道沿いなどにまれな多年草。群生することはないが、条件さえよければ周辺に何本か散生することがある。茎は高さ20-40cmで稜があり、葉は数個で互生し、基部は茎を抱く。花期は5-6月、黄色の花を2-5個つける。側花弁は萼片より少し短く、唇弁の中裂片は円心形で内面に黄褐色で肥厚した隆起線が数本ある。
分布：本州一九州，朝鮮半島・中国
カテゴリー：絶滅危惧Ⅱ類（環境省），
　　絶滅危惧Ⅱ類（福岡県）
全体　1994.5　福智山地
拡大　1995.5　貫山地

ヒメナベワリ
Croomia japonica Miq.　ビャクブ科
夏緑樹林の林下にまれな多年草。県内ではほかに英彦山地、釈迦ヶ岳山地、脊振山地、古処山地などにも生育するが、どの地も個体数は少ない。横に這った丈夫な根茎がある。茎は直立するが、葉のある部分は斜上して高さ20-35cm、基部に鞘状の鱗片がある。葉は卵状楕円形で先は尖り、5-9個が互生する。花期は5月中旬、葉腋から出た細くて長い花柄の先に小さな花を1個下垂する。4個の花披片は緑色で，開花時には反り返る。花柱は黒紫色、葯はだいだい色。有毒植物である。
分布：本州（中国地方）・四国・九州
カテゴリー：絶滅危惧Ⅱ類（福岡県）
1994.5　福智山地

フタリシズカ

Chloranthus serratus (Thunb.) Roem.et Schult.
センリョウ科

ヒトリシズカと同属の多年草。山地の林下や草原などに見られるが、平尾台や香春岳などの岩陰には結構多い。茎は開花時高さ30－40cm，のちに60cmにも達する。葉は茎の上部に2対つくが，それぞれは明らかに上下2段につき，ヒトリシズカのように輪生しているようには見えない。花序はほとんど頂生するが，2個とは限らず，1個のことや3個のこともある。大きな茎では夏に茎の中間部の節から閉鎖花を伴った花序がつくられる。花序の長さは3－6cmで花弁はなく，3個の白色のおしべがまるまって子房を抱いた形になっている。
分布：北海道－九州
1994.5　福智山地

オウギカズラ

Ajuga japonica Mig.　シソ科
上部夏緑樹林内の開けた場所で，やや湿気のある所を好む多年草で当山域には少ない。花をつける茎は高さ約10cm，花の終ったあとに基部から地面を這う走出枝を伸ばす。葉は対生で五角状心形で葉身とほぼ同じ長さの細い柄がある。走出枝につく葉は小さい。花は茎の上部にまばらにつき，長さ約2.5cm，淡青紫色で細い筒の先は上下に分かれ，上唇は浅く2つに，下唇は3つに深く裂け，中央の裂片はさらに小さく2つに分かれている。花期は5月中旬。
分布：本州・四国・九州
1994.5　福智山地

春の植物

ヒメウラシマソウ

Arisaema kiushianum Makino　サトイモ科

標高700mくらいまでの林下にまれな多年草で，造林内に見られる所もある。葉は1個で7枚くらいの小葉に分かれる。花は葉の傘の下につき，仏炎苞は濃紫色で白い条がある。舷部の内側下部には白色のT字形の紋があり，舷部の先は長く伸びて垂れる。筒の中の付属体は暗紫色でその先端は糸状に15−20cm長く伸びる。

分布：本州（山口県）・九州

1994.5　福智山地

ミズタビラコ

Torigonotis brevipes (Maxim.) Maxim.
ムラサキ科

渓流の岩上や湿地に生える多年草。地下茎があり，茎は高さ10−20cm。葉は長楕円形で下部は有柄，花序のつく上部の葉は無柄。花期は5−6月，花は総状花序につき，花序は弓形に曲がり，下方から咲く。花はほとんど白色で径約1cm，花冠は5裂しており，中心部には小突起がある。

分布：本州（福島県以南）−九州

1994.5　福智山地

アカネスゲ

Carex poculisquama Kükenth.
カヤツリグサ科

山地草原に極めてまれな多年草。山焼をしない草原ではネザサやススキなどの背の高い草に圧倒されて絶滅寸前になっている。桿は直立して高さ40－50cm、葉は基部になく中部以上につき、幅3－5mm。雄小穂は細く、鱗片は縁が合着してコップ形となり果胞は淡緑色で細脈があり三角形で毛が少ない。本種は大きな株にならない。和名は細根が赤いことによる。

分布：山口県・福岡県
カテゴリー：絶滅危惧Ⅱ類（環境省），絶滅危惧ⅠA類（福岡県）
2001. 5　貫山地

マルバサンキライ

Smilax vaginata Decne. var. stans (Maxim.) T. Koyama
ユリ科

石灰岩の割れ目に生える極めてまれな小低木でサルトリイバラと同じ仲間。茎はほぼ円形で低い稜角がある。成木では茎は多数叢生し、径約5mm、全体緑色で高さは130cmに達し、直立して上方で分枝し、つるにはならない。茎には棘も巻きひげもない。葉は互生し多くは卵円形で、表面に光沢はなく、裏は白色を帯びる。長い葉柄があり、葉身は長さ2－5cm、幅2－3.5cm、3個の明瞭な縦脈がある。花は5月、葉腋から出た花軸に散形花序につき、2－10花からなる。花弁は緑色で6個が離生し雌花には葯の部分が白色の仮おしべがある。

分布：本州－九州
カテゴリー：絶滅危惧ⅠA類（福岡県）
2001. 5　貫山地

ハナウド

Heracleum nipponicum Kitag.
セリ科
草原や林縁部に生える大形の越年草または多年草で、高さは1mを超える。根出葉は大きく3出葉か羽状複葉で、小葉は2-3対で幅が広い。花期は5-6月、花序は径10-20cmと大きく、小さな白い花を水平に密に並べる。花序の周辺花では外側の1花弁が大きく左右相称花となる。この種の花には多くの昆虫、特に甲虫類が集まる。
分布：本州（関東以西）・四国・九州
全体　2001. 6　福智山地
拡大　2001. 6　福智山地

ムラサキ

Lithospermum officinale L. subsp. erythrorhizon (Sieb. et Zucc.) Hand.-Mazz.
ムラサキ科
山地草原にまれな多年草。木質の根があり、茎は直立して高さ30-50cm、葉は無柄で長さ3-7cm、互生してあらい毛があり、主脈とそれにやや平行した支脈はへこんでいる。花期は5-6月、花冠は白色で5裂し径約5mm、裂片の中央に隆起があり、喉部に黄色を帯びた突起がある。根にシコニンという色素を含み乾くと紫色になるので染料として使用した。
分布：北海道―九州，朝鮮半島・中国・アムール
カテゴリー：絶滅危惧ⅠB類（環境省），絶滅危惧ⅠB類（福岡県）
1991. 5　福智山地

ツレサギソウ

Platanthera japonica (Thunb.) Lindl.　　ラン科

山地草原にごくまれな多年草。5－8個の葉があり，葉だけの時の姿はチューリップを感じさせる。基部の葉は大きく長さ約20cm，上方に向かって小さくなる。花期は5－6月，茎は高さ40－50cm，上方に多数の花を密につける。花は白色で，唇弁の両側に小さな突起があり，距は下垂して長さは3－4cmあり，非常に長い。

分布：北海道西南部－琉球，中国

カテゴリー：絶滅危惧ⅠA類（福岡県）

1993.5　　貫山地

フナバラソウ
Cynanchum atratum Bunge
ガガイモ科

おもに山地草原、時に林下にまれな多年草で、石灰岩地に多い傾向がある。全体に軟毛が密生している。茎は直立して30－50cm、葉は楕円形でやや大きく長さ6－10cm。葉脈は裏面に明瞭。花期は5－6月、短い総花柄に多数集まってつく。花冠は濃褐紫色で内面は無毛であるが外面には短毛がある。茎1本に1－2個、広披針形で長さ7－8cmの袋果を上向きにつけ、のちに割れて長い毛を多数つけた種子を風で飛散させる。

分布：北海道ー九州、朝鮮半島・中国
カテゴリー：絶滅危惧Ⅱ類（福岡県）
1993.5　貫山地

トベラ
Pittosporum tobira (Thunb. ex Murray) Aiton
トベラ科

海岸に多く自生している常緑の低木であるが、平尾台・香春岳・田川市ロマンスが丘などの石灰岩地では多数見られ、福智山のような非石灰岩地でも岩場に結構分布している。高さ2mくらいまでの木が多いが、根元の径が20cmにも達するものがある。花期は4－6月、今年枝の先に集散花序につき、花は白色で花弁は5個、のちに黄色になる。果実は11月頃、3つに裂開して赤橙色の種子がのぞく。

分布：本州（岩手県・新潟県以南）ー琉球
花　1991.5　福智山地
果実　1992.11　福智山地

バイカウツギ

Philadelphus satsumi Sieb. ex Lindl. et Paht.
ユキノシタ科

好石灰植物で，岩場にまれな落葉低木。高さは1－3m。樹皮は灰色で，縦に裂けてはがれる。葉は長楕円形で縁に小さな鋸歯がある。花期は5－6月，花は枝先に5－9個，集散花序につき，花弁は卵円形で4個つき白色で，花の径は2－2.5cm。時に花柄や萼が紅色のものがある。

分布：本州（岩手県以南）・四国・九州
カテゴリー：絶滅危惧Ⅱ類（福岡県）
2001.5　貫山地

ムギラン

Bulbophyllum inconspicuum Maxim. ラン科

風通しのよい疎林内の岩上や幹にごくまれに着生して生育する小形の蘭。当山域では福智山に1箇所生育地がある。かつて、香春岳にもあったが確認できない。細い根茎が這い、まばらに小さな偽球茎が並び、その先端に1個の葉をつける。葉は肉厚の楕円形で長さ1－2cm、小さなものはツゲの葉に似ている。偽球茎の基部から花茎を出して帯黄色の花を1個つける。花期は5－6月。

分布：本州（関東以西）－九州

カテゴリー：絶滅危惧Ⅱ類（環境省）、絶滅危惧Ⅱ類（福岡県）

2001.5　福智山地

マメヅタラン

Bulbophyllum drymoglossum Maxim. ラン科

風通しのよい岩上や樹幹などに着生する。ムギランよりさらに小形の蘭で極めてまれ。非常に細い茎が這い、4－7mmの間隔に節があって、それぞれに1個の葉がつく。葉は長さが7mmくらいの倒卵形。肉厚の葉で葉脈はなく中肋に相当する部分に浅い溝がある。葉柄はほとんどない。花は5－6月、葉のつく茎の部分から細長い8－13mmの柄の先に1個ずつつき、淡黄色、3個の披針形の萼が三角形をなし、その内側に小さな花弁がある。

分布：本州（福島以南）－沖縄、朝鮮半島・台湾・中国

カテゴリー：絶滅危惧Ⅱ類（環境省）、絶滅危惧Ⅱ類（福岡県）

2001.5　福智山地

イナモリソウ

Pseudopyxis depressa Miq.　　アカネ科

標高の高い明るい林下で，あまり落葉の堆積していない所を好む。横に這った根茎の先が立ち上がって地上茎となる。茎は高さ3－5cm，全体に曲がった短毛がある。葉は長さ3－5cmの卵形から三角状卵形，両面に短い軟毛が散生する。花期は5月下旬から6月上旬，茎の上端または上部葉腋に1－2個の紅紫色の花をつける。花冠は漏斗形で先は5つに分かれている。

分布：本州－九州
カテゴリー：絶滅危惧Ⅱ類（福岡県）
2000．5　　福智山地

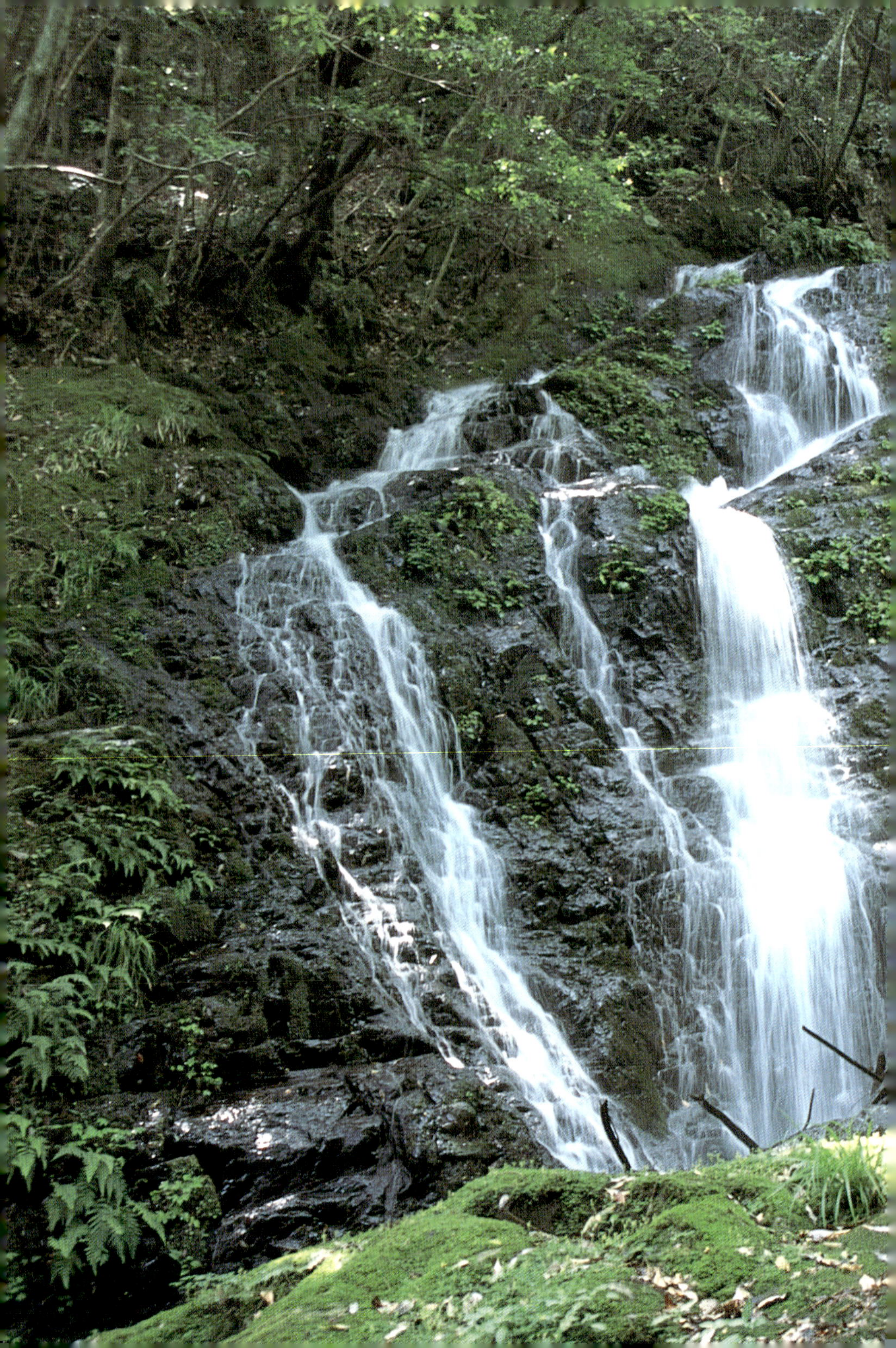

夏の植物

七重の滝

ミヤコイバラ

Rosa paniculigera Makino
バラ科

香春岳の稜線部の日当たりのよい岩場に生える。『福岡県植物目録』(1952) や『福岡県植物誌』(1975) には未記録の種類である。茎はノイバラほど匍匐することはないが斜上して長さ1－3m、枝には大小の鉤形の刺のほかに腺があり、托葉の鋸歯の先も腺になっている。小葉は7－9個で頂小葉は側小葉とほぼ同大で、長さ約2.5cm、表面に光沢はなく、裏面は蒼白色。花序は円錐花序で8－12花程度からなり、小花柄は細く長さ約10－15mm、やや湾曲し毛と腺が散生する。花期はノイバラより遅く、6月上旬－中旬で、花は白色、やや小さく径約1.8cm、萼筒は卵状紡錘形で無毛。萼裂片は卵状披針形で縁に1－2個の裂片をもち、内面全体と縁に綿毛を密生することや、花柱にも長毛を密生することが特徴である。

分布：本州（愛知県・新潟県以西）・四国（北部）・九州（北部）

2001. 6　福智山地

ミゾホオズキ

Mimulus nepalensis Benth. var. japonicus Mig.
ゴマノハグサ科

山地の水湿地に生え、やや叢生する。茎は高さ10－15cm、細くて柔らかく、葉は楕円形または卵形で縁に少数の低い鋸歯がある。花期は6月、上部葉腋より細い花柄を出して1花をつける。萼は筒形で稜上に翼がある。花冠は筒状で先は大きく開き、黄色で、上唇は2つに、下唇は3つに分かれ、5個の花弁があるように見える。

分布：北海道－九州、朝鮮半島南部・台湾

1997. 6　福智山地

オオバナヤマサギソウ

Platanthera mandarinorum Reichb. fil. var. elongatocalcarata Koidz.　ラン科

日当たりのよい山地草原にごくまれな多年草。高さ20-40cm。やや稜がある。葉は最下の1個が大きく長楕円形で基部でやや茎を抱く。鱗片葉は披針形。花期は5-6月、小花は黄緑色で10花あまりつき、萼片は黄緑色、花弁は淡黄色。背萼片は広卵形、側萼片は披針形でねじれて反り返り、側花弁は長卵形、唇弁は長さ13mmの舌状でやや後方に反る。距は白色で、先端部は黄緑色。よく似たヤマサギソウの距が長さ12-20mm、ハシナガヤマサギソウが20mm以上であるのに対し本種は29-31mmあって非常に長いのが特徴である。

分布：本州（中国地方）・九州

1996.6　貫山地

タンナサワフタギ

Symplocos coreana (Lév.) Ohwi　ハイノキ科

夏緑樹林帯、特に、英彦山などのブナ帯を代表する落葉低木で、福智山地でも標高700m以上に分布し、特に、上部のイヌシデ林内に多数見られる。葉はざらざらした感じで、縁には鋭く尖るあらい鋸歯があり、先は尾状に尖っている。花期は5月下旬-6月上旬、若い枝の先に円錐花序につき、花は白色で平開し、白色の多数のおしべが目立つ。果実はゆがんだ卵形で熟すと黒くなる。

分布：本州（関東地方）・四国・九州、朝鮮半島（済州島）

1997.6　福智山地

夏の植物 | 93

トキソウ

Pogonia japonica Reichb. fil.　ラン科

日当たりのよい湿地にごくまれに生える多年草。茎は高さ10-20cmで，基部に1個の披針形または線状長楕円形の葉がある。花のすぐ下にある葉の形をしたものは葉状苞である。花期は5月下旬から6月，花は茎頂に1個，横向きにつき，紅紫色で平開しない。背萼片は側萼片よりやや大きく，やや反り返る。唇弁の中裂片は大きく内面や縁には突起が沢山ある。

分布：北海道－九州，朝鮮半島・中国・千島

カテゴリー：絶滅危惧Ⅱ類（環境省），絶滅危惧ⅠA類（福岡県）

1994.6　貫山地

コゴメウツギ

Stephanandra incisa (Thunb.) Zabel　バラ科

福智山や竜ヶ鼻にまれな高さ約2mの落葉低木で，幹は斜上し，先端はやや下に曲がる。幹は灰色で，花のつく細い枝は幹に対してほぼ直角に伸び羽状に広がり，小枝は褐色。葉は三角形で羽状に切れ込み重鋸歯縁になっている。花期は6月，枝先に小さな花を多数つけ，花弁は黄白色。

分布：北海道－九州，朝鮮半島・中国

1995.6　福智山地

ヤマツツジ

Rhododendron obtusum (Lindl.) Planchon var. kaempferi (Planchon) Wilson　ツツジ科

山地にやや普通の半落葉低木で、福智山山頂部、鈴ヶ岩屋、尺岳などの岩場に多く生育している。ツツジ類は嫌石灰植物であるために石灰岩地のピナクル部分には生育しないが、石灰岩地でもロマンスが丘や平尾台の広谷など、露岩の少ない所や地質の異なる部分には出現する。春の葉は大きく後に落葉し、夏以降の葉は小さく枝先について越冬する。花期は5－6月で、花の色は多くは朱色であるが、所によっては濃赤色や紫赤色などが見られる。花の上裂片の内側に濃色の斑点があり、おしべは5本。

分布：北海道－屋久島
1995.6　福智山地

エゴノキ

Styrax japonica Sieb. et Zucc.　エゴノキ科
落葉高木。谷間に多いが、その他の地にも結構分布している。幹は淡黒色でやや平滑、枝は暗褐紫色。葉は卵形－長楕円形、裏面は淡緑色、縁にはほとんど鋸歯はない。花期は5－6月、花は長さ2－3cmの小花柄に下垂して咲き、花冠は白色で径約2cm、5つに分かれ、おしべは10本で葯は黄色。落花で地面が白くなるほど、沢山の花がつく。果実は長さ約1cmの卵円形で種子はサポニンを含み有毒。

分布：北海道－琉球、朝鮮半島・中国
1995.6　福智山地

夏の植物 | 95

アヤメ

Iris sanguinea Hornem.
アヤメ科

アヤメは広く栽培され馴染み深い植物であるが、県内での自生地は福智山と英彦山の2箇所だけと思われる。アヤメは高原を好む植物といわれ、英彦山では標高800mの草原に、福智山では標高850mと900mの山頂の2箇所の草地に生育している。福智山では標高が高いために6月に開花する。花は説明するまでもないが、紫色の外花披片が開いて垂れ下がり、基部中央の白色や淡黄色部分に紫色の明瞭な模様がある。細い内花被片は上方に伸びている。

分布：北海道―九州、朝鮮半島・中国（東北）・シベリア（東部）

1995.6　福智山地

クモキリソウ

Liparis kumokiri F. Maek.　**ラン科**

稜線上の樹下や風通しのよい林下に地生または岩上に着生する多年草で、かつて、当山域にかなり生育していたが、今ではほとんど見ることができなくなった。エビネなどのランブームの頃に共に採取されたものと思われる。肥大した偽球茎があり、長さ10cmあまりで幅の広い葉が2個ある。花茎は高さ10－20cm、6－8月に5－20花をつけ、花は淡緑色。萼片も側萼片も細長く、長さ6－7mm、唇弁は長さ5－6mm、くさび状倒卵形で前に折れ曲がっている。

分布：北海道―琉球、朝鮮半島

1995.6　福智山地

ナガバモミジイチゴ

Rubus palmatus Thunb. var. palmatus　バラ科

山地に普通のキイチゴで林内や林縁に多い。高さは1－1.5mで上部でよく分枝して，枝先は斜上またはやや下垂し，茎や葉柄などに鉤形の刺がある。葉は披針形で基部で3裂し，中裂片は長く伸びている。花期は3－4月で，花弁は白色，下向きに下がって半開きの状態に咲く。果実は球形で5月下旬－6月に濃黄色に熟し，甘く食べられる。

分布：本州（中部地方以西）・四国・九州

1995.6　福智山地

ヒメバライチゴ

Rubus minusculus Lév. et Van't.　バラ科

林下，林縁などの半木陰に群生することの多い高さ30－50cmの小形のイチゴで，クサイチゴに似ている。茎には細い刺があるがあまり痛くない。葉は花のつく枝では小葉の数は5－7個，卵状披針形で頂小葉がもっとも大きい。花は4月から5月上旬に咲き白色で平開し径約2cm。果実は5月下旬から6月にかけて赤く熟しクサイチゴよりやや小さいが甘く食べられる。

分布：本州（関東南部以西）・四国・九州

2001.6　福智山地

夏の植物｜97

ハンカイソウ

Ligularia japonica (Thunb.) Less.　キク科

山地の林下に生えるやや大形の多年草で時にやや群生する。平尾台ではドリーネの底にも生えている。根出葉は長柄があり、葉身はヤブレガサの葉のように掌状に分裂して、長さ幅とも約30cm。茎は高さ60-120cmで太く、普通、紫色の斑点が多数ある。茎葉は3個で上方に向けて小さくなる。花期は6月、頭花は2-8個つき、大きく径約10cmに達する。舌状花は黄色で、10個程度と少ない。

分布：本州（静岡県以西）-九州，朝鮮半島・中国（本土・台湾）

2001．6　福智山地

ヤマボウシ

Benthamidia japonica (Sieb. et Zucc.) Hara

ミズキ科

高さ3-10mの落葉低木で、香春岳や平尾台にも散生するが、最も多いのは福智山の烏落付近から尺岳方向に広がるイヌシデ林内で、6月中旬の開花中に福智山山頂から眺めると一帯が白く見えるほどである。葉は楕円形で枝先に1対対生する。白色の花弁に似た部分は総苞片で4個あり、はじめ淡緑色、のちに白色となる。花は中心部に密集してつく。果実は10月に紅色に熟し、果肉は食べられる。

分布：本州-琉球，朝鮮半島

2001．6　福智山地

オオハンゲ

Pinellia tripartita (Blume) Schott
サトイモ科

林下に生えるやや普通の多年草で岩場を好む傾向がある。葉は1-4個で、3つに分かれている。花期は長く5-9月、花茎は高さ20-40cmで、葉と同じくらいの高さがある。花序を包む苞は緑色か帯紫色で、長さ6-10cm、付属体は長く上方に糸状に伸びる。

分布：本州（中部地方）-琉球
2001．6　貫山地

ハナイカダ

Helwingia japonica (Thunb.) F. G. Dietrich
ミズキ科

山地のやや湿気の多い林下を好み、平尾台の台上に散在する小さな森の中やドリーネ内の樹林部などによく見られる。雌雄異株の落葉低木で、普通は斜上して高さ1mあまり、若い枝は緑色、葉は茎の先端部に集まってつき、比較的大きく、楕円形で先はのぎ状に尖っている。5月に葉の主脈の中央部に花をつける風変りな植物である。雌花は通常1個、雄花は数個集まってつき、花弁は3-4個、淡緑色で反り返る。果実は黒く熟す。写真はまだ若い果実。

分布：北海道（南部）-九州
1996．6　貫山地

夏の植物 | 99

ツルマサキ

Euonymus fortunei (Turcz.) Hand.-Mazz.
ニシキギ科

山地の岩上を這う常緑の半つる性低木。日当たりのよい香春岳の岩場や山焼の火の及ばない平尾台の岩場に多い。幹の太い所では気根を出す。新しい枝は緑色で葉は厚く多くは対生で表面にはマサキほどではないが光沢がある。花期は5－6月，総花柄の先に多くの花をつける。花は淡緑色，果実は球形で，12月に裂開して橙赤色の仮種皮に包まれた種子が出てくる。石灰岩地にはほかに，1・2年枝に短毛のあるケツルマサキがあるといわれる。

分布：北海道－琉球，朝鮮半島・中国
1996.6　貫山地

ウラゲウコギ

Acanthopanax japonicus Franch. et. Savat. var. nikaianus (Koidz.) Hara　ウコギ科

茎は細く長さ0.5－3m，長いものはほかの植物にもたれて立ち上がる。落葉低木で林下，林縁にややまれ。葉は長枝（写真右側）ではまばらに，短枝では集まってつき，葉柄のつけ根部分に鋭い刺がある。小葉は5個で，中央のものが最も大きく，葉にはあらい毛がある。雌雄異種で，4－5月，短枝部分に長い花柄をもつ散形花序をつける。花弁は5個で黄緑色，果実は円形で黒紫色に熟す。

分布：本州（近畿地方以西）・四国・九州（北部）
2000.6　福智山地

ビワ

Eriobotrya japonica (Thunb.) Lindl.　バラ科

好石灰植物の1種で、香春岳の一ノ岳には大径木があり、所によっては群落を形成している。真の自生地は中国の四川省と湖北省といわれている。花は11－12月に咲き、果実は6月中旬に熟す。果実は香春岳にあっては野生猿（ニホンザル）の大好物であるが、山のビワは径2－2.5cmの小形で、しかも種子が大きく、果肉はわずか2－4mmの厚さしかなく、食べる所はほとんどない。栽培されているビワは野生種から改良されたものである。

分布：本州（西部）・四国・九州の石灰岩地

1995.6　福智山地

オカウツボ

Orobanche coerulescens Stephan forma nipponica (Makino) Kitam　ハマウツボ科

日当たりのよい乾いた山地草原にごくまれに生える全寄生の植物で、オトコヨモギに寄生するとされている。楕円形に肥大した根茎があり鱗片葉がある。茎は太く下部で径1cm、高さ10－25cm、縦に浅い溝があり、下部は紫色を帯びた茶色、花穂部は紫色、下部ではまばらに狭卵形の鱗片葉をつける。花期は6月、茎の上半部に20－35個の花がつく。苞は三角状卵形、萼は2裂して先が尖り青紫色、苞も萼も長さ約1cm、花冠は濃青紫色で長さ2cm、上唇はほぼ全縁、下唇は大きく3裂している。

分布：ハマウツボの分布域として、北海道－琉球、朝鮮半島・中国・シベリア・ヨーロッパ東部

カテゴリー：絶滅危惧ⅠA類（福岡県）

1996.6　貫山地

夏の植物

ツキヌキオトギリ

Hypericum sampsoni Hance
オトギリソウ科

福智山地の林縁や林内にごくまれに生えるが、近年、平尾台でも確認されたという。1株だけのことが多いが、伐採跡地などではまとまって生育することがある。環境の変化に弱い植物で毎年現れるとは限らない。茎は直立し高さ30～80cm、上方でよく分枝する。葉は卵状楕円形で向い合う2個は茎を中心にして完全に合着している。葉先が赤く色付くことがある。花期は6月、花は集散花序に多数つき、黄色で花弁は楕円形。

分布：大分県・宮崎県を除く九州各県、中国（中南部・台湾）・インドシナ
カテゴリー：絶滅危惧ⅠA類（環境省）、絶滅危惧ⅠB類（福岡県）
2000.6　福智山地

イチヤクソウ

Pyrola japonica Klenze　イチヤクソウ科

山地の林下にまれな多年草で葉は普通広楕円形で長さが幅より長い。しかし、写真に示した個体群は普通のものとはやや異なる特徴をもつもので、3－4枚の葉のうち、少なくとも上部の1－2枚が扁円形で、長さより幅が広くなる丸葉タイプで、葉の形からはマルバノイチヤクソウに近い。花期は6月、花茎は高さ10－25cmで、基部は帯紫色、上部は緑白色、上部に数個の花をつける。花茎には0－3個の鱗片葉がつく。花は広鐘形でやや下向きに咲き白色、縦10mm、横8mmの楕円形、花弁は5個で下側の花弁が大きい。花柱はほとんど曲がらず長さ約9mm。萼片は披針形で先は尖って反り返り、基部では5個が合着している。

分布：北海道－九州、朝鮮半島・中国（東北）
2001.6　福智山地

ムヨウラン
Lecanorchis japonica Blume　　ラン科

ツブラジイ・タブノキ・カゴノキなどの照葉樹の混じる林下に生える極めてまれな腐生植物である。これまでに県下で3箇所の記録があるが現状不明。茎は灰褐色で高さ約35cm，径2－3mm，縦に黒く細長い斑があり，4－5節があって短い鱗片葉がつく。花期は6月で花は数個つき，筒形で平開せず淡黄褐色でやや紅紫色を帯びる。萼は長さ約18mm，幅約4mmの倒披針形で先は尖っている。側花弁も唇弁も倒披針形でいずれも長さ約19mm，唇弁は舌状で上面には黄色の長毛が密生している。

分布：本州（東北地方南部以南）－九州
カテゴリー：絶滅危惧ⅠA類（福岡県）
2001.6　福智山地

コバノトンボソウ
Platanthera nipponica Makino　　ラン科

日当たりのよい山地の湿地にまれに生育する小形の植物。茎は細く，高さは20－30cm，葉は1個だけが下方につき，広線形で長さ3－5cm，基部は茎を抱く。花期は6月，花は数個で，まばらにつき，背萼片は卵形，側萼片は長楕円形，側花弁は長楕円形でともに背萼片より少し長い。距は12－18mmと長く，後方にはね上がる。

分布：北海道－九州
カテゴリー：情報不足（福岡県）
1994.6　貫山地

夏の植物

ノハナショウブ

Iris ensata Thunb. var. spontanea (Makino) Nakai
アヤメ科

山地の湿地にまれな多年草で当山域の産地は2箇所だけである。葉は剣状で長さ40－60cm。花期は6月、花茎は葉より高く上がり、頂部に苞があってその中から花が出る。花は赤紫色で径約10cm、外花被片は楕円形で先が垂れ、中央から基部の爪にかけては黄色、内花被片は狭長楕円形で直立し、長さ約4cm。

分布：北海道―九州，朝鮮半島・中国（東北）・シベリア東部

カテゴリー：絶滅危惧ⅠＢ類（福岡県）

1994．6　貴山地

カキラン

Epipactis thunbergii A. Gray　　ラン科

日当たりのよい草地やネザサ群落などの中に生える地生蘭でややまれ。茎は高さ30－70cmで直立し、5－10個の葉をつけ、その基部は鞘になって茎を抱いている。花期は6－7月、花は黄褐色で、10－30個がつく。草地にある時は他の植物より上方に抜き出て咲くことが多い。萼片と側花弁はほぼ同形同大、唇弁は内側に紅紫色の斑があり、上下に分かれている。柿蘭の名は花の色に基づくもの。

分布：北海道―九州，朝鮮半島・中国（東北）

2001．6　貴山地

エゾニガクサ

Teucrium veronicoides Maxim.　シソ科

草原に極めてまれな多年草。高さ15-20cmで、ニガクサよりもかなり小さい。細くて白い長さ20-30cmの地下茎がある。地下茎は1-2cm間隔に節があり、そこから根を出す。茎、花茎、葉柄、葉の表裏に白い開出毛を密生している。茎の毛は普通長さ約1.5mmであるが、中に2.5mmの長毛が混じる。葉は対生し、広卵形で先はやや尖り、基部はくさび形。花期は6月下旬-7月、葉腋から細長い総状花序を出す。花は各節に普通2個ずつ1方向に偏ってつき、頂花穂は長さ5-6cmで最も大きい。花は非常に小さいが、きれいな紅紫色、上唇と下唇が1体化しているので1唇形に見える。おしべは4個で外に大きく突き出し、湾曲して先端は下唇の先にかぶさった形になる。

分布：青森、宮城、山口、福岡の各県。北海道、
　茨城、佐賀では現状不明
カテゴリー：絶滅危惧ⅠA類（環境省）、絶滅危
　惧ⅠA類（福岡県）
2001.6　貫山地

テリハアカショウマ

Astilbe thunbergii (Sieb. et Zucc.) Mig. var. kiusiana (Hara) Hara　ユキノシタ科

貫山地にごくまれな多年草で高さは150cmに達する。葉は3回3出複葉で大きく広がり、小葉は楕円形や狭卵形などで、長さは4-10cm、先端は尾状に伸びる。近縁種にアカショウマがあるが、それより葉が厚く、表面にやや光沢がある。花期は6-7月、花は大きな複総状の円錐花序としてつき白色。アカショウマとの違いは、最下の側枝は分枝しないこと、下部の数本の枝がいちじるしく長く伸びること、上方の枝は急に短くなるという点である。

分布：九州
1994.7　貫山地

夏の植物

アカショウマ

Astilbe thunbergii (Sieb. et Zucc.) Miq.var.thunbergii
ユキノシタ科

標高300m以上の人工林や自然林の明るい林床や林縁に生育しているが，個体数はあまり多くない。高さは60－80cmで基部に赤味があり，花期には斜上している。葉は3回3出複葉で小葉に光沢はなく，先は細く尖っていて，縁には不揃いの重鋸歯がある。花期は7月，大きな複総状の円錐花序をつけ，白色。近似種のテリハアカショウマとは花のつく最下の側枝が分枝することで区別される。また，花のつく枝は下方から上方へ次第に短くなる。アカショウマを県内でははかに英彦山地にあるだけで分布が限られている。

分布：本州（東北地方南部－
　　　近畿）・四国・福岡県
1994．7　福智山地

キヨスミウツボ

Phacellanthus tubiflorus Sieb. et Zucc.
ハマウツボ科

これまで平尾台，古処山，英彦山で確認されたことのある極めてまれな無葉緑の植物であるが，今回福智山で発見された。カシ類の根に寄生するといわれ，うす暗い林下の落葉に埋れてあった。全体白色で，体の長さは15－25cm，普通20cm，茎は太い所で径1.0－1.2cm，一見ギンリョウソウに似ている。基部には長さ1cm以下で幅2mmくらいの披針形の鱗片葉が重なってあり，上部になるにつれて大きくなり間隔があく，最上部のものは長さ3cm，幅1cmに達し，下方の半分は茎と癒着している。花期は6月中旬，花は茎頭に5－12個集まってつき，白色から黄褐色さらに褐色になる。花は細長い筒形で，長さ2.7cm，筒の先は唇形で，上唇は2裂し，径約5mmの円形，下唇は上唇よりやや小さく3裂している。開花時，子房は長さ5mm，幅3mmの卵円形，発見したときは花期をすでに過ぎており果実は卵円形で径約9mmになっており，先に長さ1.5cmの花柱がついていた。

分布：北海道－九州，朝鮮半島・中国・ロシ
　　　ア東部・サハリン
2001．7　福智山地

ヤマホトトギス

Tricyrtis macropoda Mig.　ユリ科

林下にやや普通の多年草で高さ30−60cm、花期は6月下旬−8月、茎頂と上部葉腋から枝を出し、さらに枝分れしてその先に花をつける。花弁の内片は狭い披針形、外片は内片より幅が広く、のちに共に反り返る。花弁・花柱・花柱の分枝などに紫斑があり、その数・形・濃さなどの点で個体変異が大きい。よく似た種類にヤマジノホトトギスがあるが、これは茎の中部の葉腋にも花が1−3個ずつつき、花期が8月−10月であることなどで区別できる。

分布：北海道南部−九州、朝鮮半島・中国

1994.7　貫山地

モウセンゴケ

Drosera spathulata Labill.
モウセンゴケ科

日当たりのよい山地の湿地に生える小さな食虫植物。県内では湿地の開発や乾燥化、高茎草本の繁茂などにより、本種の生育環境は減少するばかりであり、当山域でもまとまった産地は2箇所しかない。葉は根生してロゼット状に広がる。葉の長さは柄を含めて1−3cm、葉身は倒卵状円形で裏面に長い消化腺毛がある。花期は6−7月、細くて長い長さ10−30cmの花茎がでて、片側に白色の小花をつける。写真では花茎の先は伸びているが、はじめは曲がっている。

分布：北海道−九州、北半球の温帯−亜寒帯

カテゴリー：絶滅危惧Ⅱ類（福岡県）

1994.7　貫山地

夏の植物

ギンレイカ

Lysimachia acroadenia Maxim.　　サクラソウ科

別名ミヤマタゴボウ。やや湿り気のある夏緑樹林の林下、林縁にややまれな多年草。茎にははっきりした稜があり、よく分枝して高さ30－70cm。葉は柄とともに長さ5－15cm、互生して広披針形で先は鋭く尖り、下部も次第に細まって翼のある柄となり、裏面には赤褐色の細点が無数にある。茎や葉には異臭がある。花期は6月、枝先に総状花序を伸ばし、まばらに小さな花をつける。萼は5個で、狭披針形で先は鋭く尖っていて花冠より少し短い。花冠は白色で5裂しているがあまり開かず、やや下向きに咲き、目立たない。果実は球形で径5mm。

分布：本州－九州、済州島
2001.6　福智山地

ヤブレガサ

Syneilesis palmata (Thunb.) Maxim.　　キク科

林下や石灰岩地の草原の岩の周囲などに生える多年草で、当山域には比較的多く見られ、時に群落を形成する。好石灰植物の傾向が強いが、福智山地の非石灰岩地にも2箇所、自生地がある。根出葉は1個で、4・5月の芽立ちは傘をたたんだ形で白毛をまとっており、生長に伴って傘を開いていく。葉は7－9個の裂片に深裂し、それぞれはさらに2つに分かれることが多い。花期は7－8月、茎は直立し、茎葉が2・3個つく。花冠は汚白色。

分布：本州－九州、朝鮮半島
カテゴリー：準絶滅危惧（福岡県）
花 1994.7　貫山地
芽立ち 1997.5　福智山地

ウラジロイチゴ

Rubus　phoenicolasius Maxim.　バラ科

平尾台・香春岳・福智山の岩場にまれな落葉小低木で，高さ約1m，茎や葉柄は赤褐色。茎には刺がまばらにあり，茎・葉軸・花序・萼に長い柄のある腺毛が密生していて総てが刺に見えて近より難い感じがする。葉は3小葉からなり，裏面は綿毛に被われていて純白色，枝先に花序ができる。花期は5－6月，萼は大きく，先は尾状に伸びて，それに包まれるようにして白い花が咲く。果実は6月下旬－7月に赤く熟す。別名エビガライチゴ。

分布：北海道－九州，朝鮮半島・中国

1998.7　福智山地

オオルリソウ

Cynoglossum zeylanicum (Vahl) Thunb.
ムラサキ科

林縁部の草地に極めてまれな多年草。茎は高さ40－60cm，茎にはごく短い斜上する毛がある。葉は披針形で両端は尖り，厚く，長さ10－20cm，短毛が密生している。花序は長さ10－20cm，葉腋から水平に伸び，沢山の花をつける。花序の先端はキュウリグサのように巻いている。花期は7－8月で，花冠は径約5mm，るり色で5裂し，裂片の喉部に2個のまるい付属体がある。分果は全体にかぎ状の刺を持ち，花序の軸に下垂して並ぶ。

分布：本州－琉球，朝鮮半島・中国・東南アジア・インド

カテゴリー：絶滅危惧ⅠB類（福岡県）

1998.7　福智山地

夏の植物 | 109

コオニユリ

Lilium leichtlinii Hook.fil.var.maximowiczii (Regel) Baker　ユリ科

平尾台や香春岳のような山地草原にややまれな多年草。山麓部に生えるオニユリも小形で、茎は高さ50－80cm、葉は多数つき柄はない。オニユリは葉腋に珠芽をつけるが本種にはつかない。花期は7月、花は普通、1－5個つき橙赤色。花披片は長さ6－8cmで濃色の斑点があり、反り返る。

分布：北海道－九州、朝鮮半島・中国（東北）・ウスリー

1998.7　貫山地

モロコシソウ

Lysimachia sikokiana Miq.
サクラソウ科

林下にごくまれな多年草。本種はもともと暖地の海の近くの林内に生える植物とされ、志賀島の記録があるが、すでに絶滅している。したがって、本県での存在は内陸地の1箇所だけであり、分布上も注目される。高さ25－40cm、葉は長い柄のある卵形で、長さ5－10cm、花期は7月で、上部の葉腋ごとに1花をつける。花柄は糸状で花は下垂する。花冠は黄色で5裂し、裂片は長楕円形で反り返る。

分布：本州（関東以西）－沖縄、中国（台湾）

カテゴリー：絶滅危惧ⅠA類（福岡県）
2001.7　福智山地

サワオトギリ

Hypericum pseudopetiolatum R. Keller
オトギリソウ科

山地の水のある所に生える小さなオトギリソウ。福智山にあるが、低地にはなく、分布が限られている。茎は赤褐色で叢生して地面を這い、先端部は斜上する。高さは10−15cm。葉は倒卵形または長楕円形で多数の明点がある。花期は7−8月、花は枝先に1−7個つき、黄色で径7−10mm。秋には美しく紅葉する。

分布：北海道（西南部）
　　　－九州
1998.7　福智山地

マルバマンネングサ

Sedum makinoi Maxim.
ベンケイソウ科

山地の岩上に生える多年草。福智山の山頂部の岩上に生育している。尺岳の記録があるが、現状不明。花茎は這って分枝し、高さ5−10cm、葉は対生し、倒卵形ないしさじ形で先はわずかに尖っており、基部は葉柄となる。花期は6−7月、写真では花はほとんど終っているが花序は集散花序で葉状の苞があり、花弁は5個で黄色。写真で星形に尖って見える部分はめしべの心皮である。小さなロゼットをつくり越冬する。

分布：本州－九州
1998.7　福智山地

夏の植物 | 111

アケボノシュスラン

Goodyera foliosa (Lindl.) Benth. var. maximowicziana (Makino) F. Maek.　ラン科

夏緑樹林下にまれな小形の地生蘭。茎の基部は地表を這い、上部は斜上して、高さ5－10cm、葉は4－5個、互生し、葉柄がある。花期は7月、花序は直立し、淡紅紫色の花を数個やや偏ってつける。苞の縁や子房にやや硬い毛が密生する。苞は披針形、背萼片は狭卵形、花弁は広披針形で背萼片に密着している。唇弁の基部はふくろ状にふくらむ。

分布：北海道－奄美大島、朝鮮半島
1998．7　福智山地

トチバニンジン

Panax japonicus C. A. Meyer
ウコギ科

福智山の上部落葉林内に散生、平尾台にはさらに少ない。太くて白色の根茎があり、それに節があるので、チクセツニンジンの別名がある。トチノキに似た形の葉が茎の上方に3－5個輪生し、それぞれに5－7個の小葉がつく。茎の長さは花茎と共に60－80cmで、花序は長い花茎上につき、球形で沢山の小花からなる。時に分枝して小さな花序ができる。花期は5月、花弁は淡緑色で目立たないが、果実は径約6mmで赤熟し人目をひく。

分布：本州－九州
2001．7　福智山地

フウラン

Neofinetia falcata (Thunb.) Hu
ラン科

谷間にあるイチイガシの高木の高さ30m付近にまばらに着生している。根は長く木の幹の表面を這う。葉は左右2列に密に互生し厚く硬く、湾曲して長さ5-10cm、断面はV字形で背側に稜がある。花期は7月中旬、花茎は下方の葉鞘の腋から出て純白色の花を2-9個、総状につける。花被片は披針形で長さ約10mm。唇弁は長さ約8mm、中部付近で3裂し、中裂片だけが舌状に伸びている。距は線形で長く湾曲しており、長さ約5cm。

分布：本州（関東南部以西）-琉球、朝鮮半島・中国
カテゴリー：絶滅危惧Ⅱ類（環境省）、絶滅危惧ⅠA類（福岡県）
2001.7　福智山地

タシロラン

Epipogium roseum (D. Don) Lindl.　ラン科

タブノキやアラカシの混じる樹下に生育する無葉緑の腐生植物。県下ではこれまで2箇所で生育が確認されていただけの希少種であるが、今回、福智山地で発見された。茎はややごつごつした長さ約3cmの楕円形の根茎から出て高さ10-25cm、茎はやや黄色を帯びた白色で、径2-5mm、数箇所に膜質の鞘状葉がある。花期は7月、苞は卵円形、長さ8-10mm、白色の花を2-15個、総状に下垂してつける。萼、側花弁、唇弁とも薄く、透き通った感じがする。萼片と側花弁は長さ8-9mm、萼片は狭披針、花弁も披針形で共に同長。唇弁はやや大きく広卵形で袋状にふくらんでいて、大小の紅色の小斑がある。距は長さ約5mm。

分布：本州（関東南部）-琉球、中国（南部・台湾）・東南アジア・オーストラリア
カテゴリー：絶滅危惧Ⅱ類（環境省）、絶滅危惧Ⅱ類（福岡県）
2001.7　福智山地

夏の植物 | 113

オカトラノオ

Lysimachia clethroides Duby　サクラソウ科

丘陵地，山地の草原や林縁に普通の多年草で横に這った地下茎によって増え，時に群生する。地上茎は高さ80cmにも達し，円柱形で基部は赤い。葉は楕円形で互生。花期は6月，茎の頂に太くて長い総状の花序をつける。花序は中間部から折れ曲がって傾くので，小花は上側に偏ってつく。花は白色で5個の裂片に分かれている。

分布：北海道－九州，朝鮮半島・中国

2001. 7　福智山地

ヌマトラノオ

Lysimachia fortunei Maxim.　サクラソウ科

山地・山麓の湿地に生える多年草であるが，湿地の減少に伴って生育環境が狭くなってきている。茎は高さ40－70cmの円柱形。葉は互生して披針形，先は尖り，葉柄はない。花期は6－7月，花は茎の先に総状花序としてつく。花序は直立し，花は一方向に偏ることなく一様に密につく。花冠は白色で5裂し，オカトラノオに比べてまるみがある。

分布：本州－九州，朝鮮半島・中国・インドシナ

1994. 7　貫山地

カセンソウ

Inula salicina L. var. asiatica Kitam.　キク科

日当たりのよい草地に生える多年草。ロゼット状の根出葉があり、茎は高さ40-60cm。細くて硬く毛が多い。葉は長楕円状披針形で葉脈は裏側に突き出しており、葉の基部は茎を抱く。花期は7-8月、茎の上部で分枝して数個の頭花をつける。頭花は黄色で、径2.5-3.5cm、舌状花は1列でよく発達している。

分布：北海道一九州，朝鮮半島・中国（東北）・ロシア東部

カテゴリー：絶滅危惧Ⅱ類（福岡県）

1995.7　福智山地

ヨロイグサ

Angelica dahurica (Fisch.) Benth et Hook.
セリ科

高さが2m以上にもなる大形の植物で、山地草原に生育しているが最近は遠賀川水系の川土手に増加している。葉は大きくて2-3回3出複葉で小葉は細長い楕円形、縁に不揃いの鋸歯がある。花期は7月、傘状の大きな花序をつけ、花弁は白色。草原にあって一際目立つ。

分布：本州一九州，朝鮮半島・中国（東北部）・ロシア東部

カテゴリー：絶滅危惧Ⅱ類（福岡県）

1998.7　貫山地

ノヒメユリ

Lilium callosum Sieb. et Zucc. 　ユリ科

山地草原に生える多年草で平尾台では多数見られるが、その他の草原では遷移が進み、高茎草本の繁茂、樹木の進入などにより減少している。茎は高さ60－100cm、コオニユリに比べると細くて長い。花期は7－8月、花は橙赤色、茎の先に1－9個つき、小形で花被片は長さ3－4cm、開花1日目は平開に近いが、2日目以降は後方に強く反り返る。

分布：四国・九州・沖縄、朝鮮半島・中国・ロシア東部
カテゴリー：絶滅危惧ⅠB類（福岡県）
1998.7　貫山地

ギンバイソウ

Deinanthe bifida Maxim.
ユキノシタ科

石灰岩地の林下にごくまれな多年草で、茎は分枝せず直立して高さ40－70cm。葉は大きく数対が対生し、縁には鋸歯があり、先端は大きく2つに分かれている。花期は7－8月、花序は頂生し、はじめ球形の苞につつまれている。普通、数個の花からなり、花弁の形をした萼だけからなる中性化と径2cm白色で梅花状でおしべ、めしべのある両性花とがある。

分布：本州（関東以西）－九州
カテゴリー：絶滅危惧ⅠA類（福岡県）
2000.7　貫山地

ガシャモク

Potamogeton dentatus Hagstr.　　ヒルムシロ科

我が国では利根川水系の湖沼と琵琶湖に生育していたが、ほぼ絶滅し、安定した生育地は平尾台からの湧水池のみという貴重種。沈水性の多年草で、茎は長さ1－3m、葉身は狭長楕円形で長さ5－10cm、幅1－2cmで、葉柄はないかあってもごく短い。全身にごく細かな砂泥がつき、汚れている。花期は6－9月、花序は3－7cm、長い花柄がある。この池には本種とササバモの雑種であるインバモもある。

分布：千葉県・福岡県
カテゴリー：絶滅危惧ⅠA類（環境省），絶滅危惧
　ⅠA類（福岡県）
2000．7　　貫山地

ニガクサ

Teucrium japonicum Houtt.　　シソ科

福智山や香春岳の林下・林縁にまれな多年草。茎は高さ40－60cm、4稜があり、地下に細長い走出枝を出して繁殖する。葉は卵状長楕円形ないし広披針形で小さな鋸歯がある。花期は7－8月、花序は茎の上方の葉腋から出て長さ5－10cm、花冠は1つの唇形に見え、多くは淡紅色であるが、写真のように濃赤紫色のものもある。エゾニガクサと比べて非常に大きく、全身にほとんど毛がない。

分布：北海道－琉球，朝鮮半島
1995．7　　福智山地

夏の植物　117

オオキツネノカミソリ

Lycoris sanguinea Maxim. var. kiushiana Makino　ヒガンバナ科

福智山・平尾台・香春岳などに見られるが英彦山地のような大きな群落はない。光のあまり通らない陰湿の林床に生えることが多い。花期は7月中旬、ヒガンバナなどと同様に、花の咲く頃には葉は枯れてない。花茎は高さ30－50cmで先に3－5花がつく。花柄は長さ3－6cm、まるい緑色の子房があり、花披片は橙色で長さ約9cm、幅7mm、やや斜上して咲く。おしべの先が花披片より2－3cm突き出し、めしべはさらに長い。葉は1月頃から伸び出し、幅は1cm以上でキツネノカミソリより広く、5月下旬には枯れる。

分布：本州（関東以西）－九州
1997．7　　貫山地

ヒオウギ

Belamcanda chinensis (L.) DC.　アヤメ科
日当たりのよい山地の草原に生える多年草。葉は剣状で、基部では左右に密に出て檜扇形になるのでこの名がある。茎は高さ60－100cm、花期は7－8月、花は橙色で、花披片は6個、同形同大で平開する。花の径は3－4cm、花弁の内面に暗赤色の斑点があるが、付き具合には変異が多い。果実は倒卵状楕円形で、割れて黒色で光沢のある種子が出る。種子はうば玉とかぬば玉とよばれ、和歌の枕詞になっている。

分布：本州－琉球，朝鮮半島・中国・インド
1997．7　　貫山地

118

ヤマナシ

Pyrus pyrifolia (Burm. fil.) Nakai　バラ科

平尾台では低木、福智山には小高木や高木があるが、数は少ない。方城町弁城岩屋の山中には幹の周囲176cm、高さ22mの高木をはじめ2本の高木があり、4月上旬に樹冠が真白になるほど、花をつける。ナシと葉や花などは大差ないが、果実は径が3.0－3.5cmと小さい。栽培されているナシはこのヤマナシから改良されたものと考えられている。

分布：四国・九州
1997.7　福智山地

ホウライカズラ

Gardneria nutans Sieb. et Zucc.　マチン科

林内に生える常緑のつる性植物。分布はほとんど石灰岩地に限られ、低木や高木にのぼっているが、個体数は少ない。茎は緑色、葉は対生し、長楕円形で先は尖る。6－7月、上部葉腋から短い花序を出して1－2個の花をつける。花冠は白色、のちに黄色、裂片は披針形で反り返り、外面は無毛、内面には短毛が密生する。液果は球形で次年の3月頃赤く熟す。当地にはよく似たエイシュウカズラがあるとされているが未確認である。

分布：本州（千葉県以西）・四国・九州の暖帯
花　1996.7　福智山地
果実　1994.3　貫山地

夏の植物 | 119

ミクリ

Sparganium erectum L.　　ミクリ科

浅い水中に極めてまれな多年草。葉は直立して高さ100－150cm，裏面中央に稜がある。花期は6－8月，茎の上部葉腋から枝を次々に出し，最上部に雄性頭花，下部に雌性頭花をつける。雌性頭花はのちに径15－20mmのコンペイトー形の集合果になる。

分布：本州（関東以西）－九州，ビルマ・インド

カテゴリー：準絶滅危惧（環境省），絶滅危惧ⅠA類（福岡県）

2000.7　福智山地

カワラナデシコ

Dianthus superbus L. var. longicalycinus (Maxim.) Williams　ナデシコ科

秋の七草の1種。日当たりのよい山地草原の道沿いなどに生える多年草。平尾台には群生地があるが，他の地ではまばらに生える。高さは30－80cm，茎は上部で分枝して，花をまばらにつける。花期は7－9月，萼は合わさって筒状になっている。花弁の先は深く切れ込み，先端は針状に尖る。花は淡紅色のものから濃色まで変異が大きい。

分布：本州－九州，朝鮮半島・中国（本土・台湾）

2001.7　貫山地

ウマノスズクサ

Aristolochia debilis Sieb. et Zucc.
ウマノスズクサ科

照葉樹林帯の林縁などにまれな多年草、開花株は非常に限られている。茎は細く高さ約1m、上方で分枝する。葉は三角状狭卵形で長さ約5cm、先は円く、基部は心形、その両側は耳状。茎や葉は無毛。花期は7月、花は2－4cmの花柄に垂れ下がり、萼筒は細く、上方に湾曲し、基部は球形、先端は筒を斜めに切断したような形になっており、口は上を向いている。口部の内面は紫褐色。

分布：本州（関東以西）
　　　―九州、中国
1996.7　福智山地

ロクオンソウ

Cynanchum amplexicaule (Sieb. et Zucc.) Hemsl.
ガガイモ科

溜池や川の土手などに生える極めてまれな多年草で、茎は直立して高さは80－130cm、葉は楕円形で緑白色、裏面はさらに粉白色、対生し無柄で基部の葉には耳翼があって茎を抱いた形になっている。上部葉腋より1個の総花序を出し、多くの花をつける。花期は8月、花冠は帯黄色で5裂し、花の径は約1cm。袋果はまばらに下向きにつき、狭披針形で長さ約5cm。

分布：本州（山口県）・九州（大分県を除く）、
　　　朝鮮半島・中国
カテゴリー：絶滅危惧ⅠB類（環境省）、絶滅
　　　危惧ⅠA類（福岡県）
花　　1997.8　福智山地
果実　1997.10　福智山地

夏の植物　121

クサフジ

Vicia cracca L.　　マメ科

山麓部の日当たりのよい草地にまれな多年草。かつて,土木工事が行われ,種子が持ち込まれたと思われる所もある。木質の根茎があり,茎は這い,茎葉はカラスノエンドウに似ている。葉は18－24枚の小葉に分かれ,先端は巻きひげになっている。花期は7－9月,花は青紫色で,1方向に偏って多数集まってつき美しい。

分布：本州－九州, 北半球
　　　の温帯から暖帯

1997. 8　　福智山地

キキョウ

Platycodon grandiflorum (Jacq.) A. DC.　　キキョウ科

山地草原に生える多年草。平尾台では多く見られるが,香春岳や牛斬山などでは非常に減少し,ロマンスが丘では絶滅した。採取による減少が最も多いと思われる。花期は7－8月,花は茎の上部に1－十数個つき,花冠は径3－4cm,広鐘形で青紫色。秋の七草のアサガオはこの植物であろうといわれている。

分布：北海道－九州, 朝鮮
　　　半島・中国・ウスリー

カテゴリー：絶滅危惧II類
　　（環境省）, 絶滅危惧II
　　類（福岡県）

全体　2000. 8　　貫山地
拡大　1998. 7　　貫山地

ヒキヨモギ
Siphonostegia chinensis Benth.
ゴマノハグサ科
日当たりのよい乾いた草地にまれな一年草。茎は直立して高さ30－50cm，上方で分枝し全体に曲がった短毛が密生している。葉は広線形の裂片に裂ける。8－9月，枝先の葉腋ごとに1花をつける。萼は筒形で10－17mm，裂片の先は尖り，長さ4－5mm。花冠は鮮黄色で長さ約2.8cm，上唇の先は細くなり先端は2つに分かれている。
分布：北海道－琉球，朝鮮半島・中国など
カテゴリー：絶滅危惧ⅠB類（福岡県）
2001.8　福智山地

スズサイコ
Cynanchum paniculalum (Bunge) Kitag.
ガガイモ科
日当たりのよい乾いた山地草原にまれな多年草。山焼や草刈りの行われない草原ではネザサやススキなどの高茎草本の繁茂により減少している。細くて硬い茎が直立して高さ30－60cm。葉はほとんど無柄，長披針形でまばらについている。花期は7－8月，花序は茎の先や上部の葉腋に集散花序につく。花は黄褐色で，花冠は星形，早朝に咲いて日中は閉じる性質がある。袋果は細い披針形で長さ5－8cmであるが，めったにつかない。
分布：北海道－九州，朝鮮半島・中国など
カテゴリー：絶滅危惧Ⅱ類（環境省），絶滅危惧Ⅱ類（福岡県）
全体　1997.8　福智山地
拡大　1998.8　福智山地

マキエハギ

Lespedeza virgata (Thunb.) DC.　マメ科

日当たりのよい山地草原にまれな高さ20－40cmの繊細な半低木。夏の茂った草地にあっては余程注意しないと見落してしまうような植物である。茎は細い針金状、葉は3小葉に分かれ、頂小葉が最も大きい。花期は8－9月、葉腋から葉よりもはるかに長い柄をもった総状花序を出し、2－5花がつく。花は非常に小さなもので、白に近い淡紅色。これとは別に葉腋に閉鎖花がつく。

分布：本州－琉球、朝鮮半島・中国
カテゴリー：絶滅危惧ⅠB類（福岡県）
1997.8　福智山地

サワギキョウ

Lobelia sessilifolia Lamb.　キキョウ科

湿地にまれな多年草で生育地は数箇所あるが個体数は少ない。茎は直立し、中空で高さ50－150cm、披針形の葉が互生して多数つく。花期は8月、花は茎の上部の葉腋につき、花弁は濃紫色、長さ2.5－3cmの唇形で、上唇は2深裂してやや後方に反り、下唇は前方に伸びて3浅裂し、裂片の縁には長い毛がある。

分布：北海道－九州、朝鮮半島・中国・
　　　サハリンなど
カテゴリー：絶滅危惧Ⅱ類（福岡県）
全体　1994.8　福智山地
花拡大　1994.9　貫山地

オオナンバンギセル

Aeginetia sinensis G. Beck　　ハマウツボ科

山地草原に生える一年生の寄生植物で，県内の生育地は1箇所だけの希少種。同属のナンバンギセルがススキに寄生するのに対して，本種はヒメノガリヤスなどに寄生していると思われる。福智山地では山焼が行われないために，草本は高茎化して繁茂し，さらに樹木も侵入してきているので存続が心配される。花期は8月，花はナンバンギセルよりも大きく萼の先端にまるみがある。花弁は明るいピンク色で，長さ4－6cm，花冠の先ははっきり5裂して開き，裂片の先にぎざぎざがある。花はナンバンギセルのように束生することがない。

分布：本州―九州，中国（中部）
カテゴリー：絶滅危惧ⅠA類（福岡県）
1994.8　福智山地

サギソウ

Habenaria radiata (Thunb.) Spreng.　　ラン科

当山域での生育地は1箇所だけである。ほかにも群生地があったといわれるが，今はスギが植えられ湿地はなくなっている。現生育地では乱獲により1花だけになった時期があったが，今ではかなりの花を見ることができる。しかし，これは自然増殖によるものかどうかは明らかでなく，愛好家が植えたものであるともいわれている。花期は8月。白鷺に見える所は唇弁で，3裂し，側裂片が左右に大きく開出している。

分布：本州―九州，朝鮮半島・中国（台湾）
カテゴリー：絶滅危惧Ⅱ類（環境省），絶滅危惧ⅠA類（福岡県）
全体　1995.8　貫山地
花拡大　1994.8　貫山地

夏の植物 | 125

ノリウツギ

Hydrangea paniculata Sieb. et Zucc.　ユキノシタ科

上部山地の樹林と草原との境目付近に多く見られる。高さ2－3mの低木で、あまり幹の大きいものはない。葉は対生して、長さ5－15cmの楕円形で先は尖っている。花期は7－9月、花序は円錐形で、枝先につき、大きく長さ20－30cm。花序の周縁部には白い飾り花がつく。飾り花は普通4個で、長さは1－2cmと大きい。花は密集しており、白色の花糸が目立つ。ノリウツギの名はかつて内皮から和紙をつくる時ののりを採ったことによる。

分布：北海道－屋久島、サハリン・南千島・中国（中南部・台湾）

2001.8　福智山地

キガンピ

Diplomorpha trichotoma (Thunb.) Nakai　ジンチョウゲ科

岩場にまれな落葉性の小低木で、高さ1.5mくらい。今年枝ははじめ緑色であるがのちに光沢のある褐色にかわる。枝・葉共に対生、葉は卵状楕円形で、長さ2－4cmで柔らかく、裏面は帯白色。花は8月に今年枝の先端に細い枝を対生し、その先に少数つく。花は淡黄色、萼は細長い円筒状で口部は4裂し平開して丁字形になる。樹皮は大変丈夫で、根元からはがすと細い枝の部分まではがれ、昔から和紙づくりの原料として使われてきた。

分布：本州（近畿地方および中国地方西部）・四国・九州（大隅半島以北）、朝鮮半島南部

1993.8　福智山地

ミズトンボ

Habenaria sagittifera Reichb. fil.　ラン科

日当たりのよい湿地にまれな多年草。茎は三角柱状で高さ25－60cm、葉は線形で、茎の下部にある数枚は大きく、長さ5－20cm、幅3－6mm。花期は8－9月、花は茎の上部に総状につき淡緑色、側萼片が翼を開げた形で両側に張り出しているのが特徴である。唇弁は線形、分枝して全体は十字状、裂片はやや上向く。距は長さ約15mm、下垂して先端は球状にふくらんでいる。花の中央の黄褐色の所は葯室である。

分布：北海道西南部－九州、中国（中部）

カテゴリー：絶滅危惧Ⅱ類（環境省）、絶滅危惧ⅠA類（福岡県）

1994.8　貫山地

ミミカキグサ

Utricularia bifida L.
タヌキモ科

当山域にはミミカキグサの名のつく種類としてミミカキグサ、ホザキノミミカキグサ、ムラサキミミカキグサの3種がある。いずれも湿地に生える体の小さな食虫植物で県内でも少なく、減少の著しい仲間である。ミミカキグサは水の浅い湿地の水の中や水辺に生え、軸は泥の中を這い、それから長さ6－8mmの線形の地上葉を出す。捕虫嚢は地下部につくられる。花期は7－8月で開花のはじまりは他の2種より早い。泥の中から高さ5－10cmの花軸を上げ、黄色で長さ3.5mmくらいの花を2－5個つける。花が散った後、萼が耳掻きのような形になる。

分布：本州－琉球、中国・インド・マレーシア・オーストラリア

カテゴリー：絶滅危惧ⅠB類（福岡県）

1994.7　貫山地

夏の植物

ムラサキミミカキグサ

Utricularia yakusimensis Masam.　タヌキモ科

山地の谷間の湿地にごくまれな多年草で、泥土に生える。山間部の湿地は現在、乾燥に伴う草地化や開発またはイノシシの踏み荒しなどによって減少しており、ミミカキグサ類の生育環境がなくなっている。ムラサキミミカキグサの地上葉はへら形で長さ3－5mm、花軸は高さ5－15cm、花は8－9月に咲き、藍紫色で、1－4個つき、長さ約3mmで明らかな花柄がある。距は下向きで先は前方に曲がる。写真は咲き始めの頃のものである。

分布：北海道－屋久島
カテゴリー：絶滅危惧Ⅱ類（環境省），絶滅危惧Ⅱ類（福岡県）
1995.8　貫山地

ホザキノミミカキグサ

Utricularia racemosa Wall.　タヌキモ科

ミミカキグサやムラサキミミカキグサなどと同様の山間のオオミズゴケの生えるような酸性の強い泥土に生える。地上葉は長さ2－3mmのへら形でほとんど目立たない。8－9月に高さ10－20cmの花軸を上げ、淡紫色で長さ約4mmの花を数個つける。花はほとんど無柄で、距は前方に長く突き出る。日本産のミミカキグサ類では最大。

分布：北海道－琉球，朝鮮半島・中国よりインドまで
カテゴリー：絶滅危惧Ⅱ類（福岡県）
1994.8　貫山地

ミズオオバコ

Otteria japonica Mig.
トチカガミ科
山間部のため池にごくまれに生育する沈水性の一年草。葉は大きなオオバコ形で、長さ30cm、幅15cm以上にもなる。葉は薄くてしかも硬く破れやすい。花期は8-10月で花は水上に咲くために花茎の長さは水深により異なり1mを超えることもある。花弁は非常に薄く円形の3個からなり白色ないし淡紅色で径約2.5cm。写真の花は水位が下がり花茎が倒れた状態になっているが、花の後方はこれから果実になる部分で数条のひだのある翼をつけている。果実にはまた先端部に萼片が残る。

分布：全国、アジア・オーストラリア
カテゴリー：絶滅危惧ⅠB類（福岡県）
2001.8　貫山地

ナツエビネ

Calanthe reflexa Maxim.　　**ラン科**
標高500m以上の気温の低い所に生育する夏咲きのエビネで、かつては県内に広く分布していたが、特に1970年代のエビネブームの頃に乱獲されて絶滅してしまった所が多い。福智山地でも一時姿を消していたが、ようやく一部復活してきた。エビネに似るが、葉に光沢はなく、白みを帯びており、縦じわがある。花期は8月、花は淡紫色で舌は濃色、高さ20-40cmの花茎に多数つき、美しい。

分布：本州一九州、朝鮮半島（済州島）・中国（南部・台湾）
カテゴリー：絶滅危惧Ⅱ類（環境省）、絶滅危惧ⅠA類（福岡県）
1998.8　福智山地

マツカゼソウ

Boenninghausenia japonica Nakai　ミカン科

山地の林下，林縁，岩上などにやや普通の多年草で時に群生する。茎は高さ40－80cm，上方で分枝する。葉は互生し3回3出複葉で小葉は倒卵形や楕円形で先はまるく裏側は帯白色。全体に強烈な臭いがある。花期は8－10月，花は小さく花弁は白色。和名は松風草で，草の姿のよい所からつけられたものであろう。

分布：本州（宮城県以南）―九州
1993. 8　福智山地

ホオズキ

Physalis alkekengi L. var. franchetii (Masters) Hort.　ナス科

もともと栽培される植物であり，逸出と思われるが，香春岳にあり，非常に珍しいものである。この他，『北九州市の植物』(1964) には平尾台の竜ヶ鼻の記録がある。香春岳では周囲に他の草本が茂っているので萼に色が付いていなければ発見するのが難しい状態にあった。花期は6－7月で，葉腋に白色の花を1個つけ，8月中・下旬に成熟して，萼は赤橙色になる。

分布：アジア原産，自生地不名
1993. 8　福智山地

イワギボウシ

Hosta longipes (Franch. et Savat.) Matsum.　ユリ科

山地林内の岩上や渓谷の岩壁を好む多年草であるが，英彦山地などではブナの樹上にも生え，香春岳や平尾台では草原にあるピナクルの周囲にも生える。湿気の多い所では大きく，乾く所では小さい。葉身は卵形で先は尖り，各側に6－8脈が明瞭で，脈部はへこんでいる。長い葉柄には紫褐色の小斑が多数あり，基部では接し合っている。花期は8月，花茎にも葉柄と同様の紫斑がある。花穂は比較的短く，斜上しており，花は下から順次咲く。花は淡い紫色で筒は長さ4.0－4.5cm。基部は細く，中程からラッパ状に開く。

分布：本州（関東地方）－九州

1993. 8　福智山地

キセワタ

Leonurus macranthus Maxim.　シソ科

林縁部や山地草原にまれなやや大形の多年草。茎は四角形，直立して高さ50－100cm。葉は対生し，狭卵形で鋸歯があり，あらい毛があってざらつく。花期は8－9月，花は数個ずつ集まって葉腋につき，紅紫色，オドリコソウの花に似ている。花冠は唇形で外面には密に白毛があり，下唇の中央裂片の先は下に折れ曲がり濃紅紫色。キセワタの名は花弁の表面にはえている毛の様子からきたもので綿を着せているの意。

分布：北海道－九州，中国

カテゴリー：絶滅危惧Ⅱ類（環境省），絶滅危惧Ⅱ類（福岡県）

1996. 8　貫山地

ニラ

Allium tuberosum Rottl.　ユリ科

パキスタン・インド・中国・日本の本州から九州に分布しているが、我が国のものは真の自生かどうか疑わしいといわれている。平尾台では畑地が散在しているので尚更、逸出の可能性が高い。日当たりのよい乾燥した草地に広く散在して見られる。写真はかがり火盆地で撮ったものである。食用に栽培されているものと同じもので、花期は8－9月で、高さ30－40cmの花茎上に純白の花が咲く。

分布：本州－九州、中国・インド・パキスタン

1996. 8　貫山地

ムクゲ

Hibiscus syriacus L.
アオイ科

香春岳の一ノ岳の南斜面の標高200－250mに自生しているもので、こういった山地に生育している例は県下にはほかになく、分布上極めて珍しいものである。かつては一ノ岳の東側斜面にもあったが、セメント会社の工事により消滅した。南斜面は現在、石灰石の採掘が行われているために一般の人は立入ることができず現状不明。高さ2mあまりの落葉低木で、花は7月下旬から8月にかけて咲き、花弁は淡紅紫色で中心部が濃赤紫色のいわゆる底紅タイプである。採石により遠からず絶滅するものと思われる。

分布：中国に自生し、世界で広く栽植され、品種が多い。

1993. 8　福智山地

フヨウ

Hibiscus mutabilis L.
アオイ科

一般的には栽培される植物であるが、鹿児島県の甑島などでは野生化している。香春岳でも一ノ岳の東山麓のセメント会社の火薬庫付近に生育地があり、ムクゲと共に極めて珍しい存在である。花期は8－9月、直径12cmあまりのきれいな花をつける。しかし自生地はセメント会社の施設内であるので立入りが禁止されている。

分布：本州（伊豆・紀伊半島など）・九州の一部で野生状態で生えている

1993.8　福智山地

アゼオトギリ

Hypericum oliganthum Franch. et Savat.
オトギリソウ科

県内産地が2箇所だけの小形の多年草である。低地の草地や田畑の畦などの日当たりがよく、やや湿った所を好む。茎はよく分枝し、匍匐して、高さ7－15cm、細くて硬い。葉は長楕円形で先はまるく、基部はやや茎を抱く。大きい葉では長さ2.5cm、幅1.2cmあり、主脈と側脈とが明瞭である。明点が夜空の星のように散在し、縁には黒点が一列に並ぶ。裏面は帯白色。花期は8－9月、花序は小数の花からなり、茎の先端につき花弁は長楕円形で黄色、明点と黒点が入る。

分布：本州（関東以西）・九州，朝鮮南部
カテゴリー：絶滅危惧ⅠB類（環境省），
　　絶滅危惧ⅠA類（福岡県）

2001.8　貫山地

夏の植物 | 133

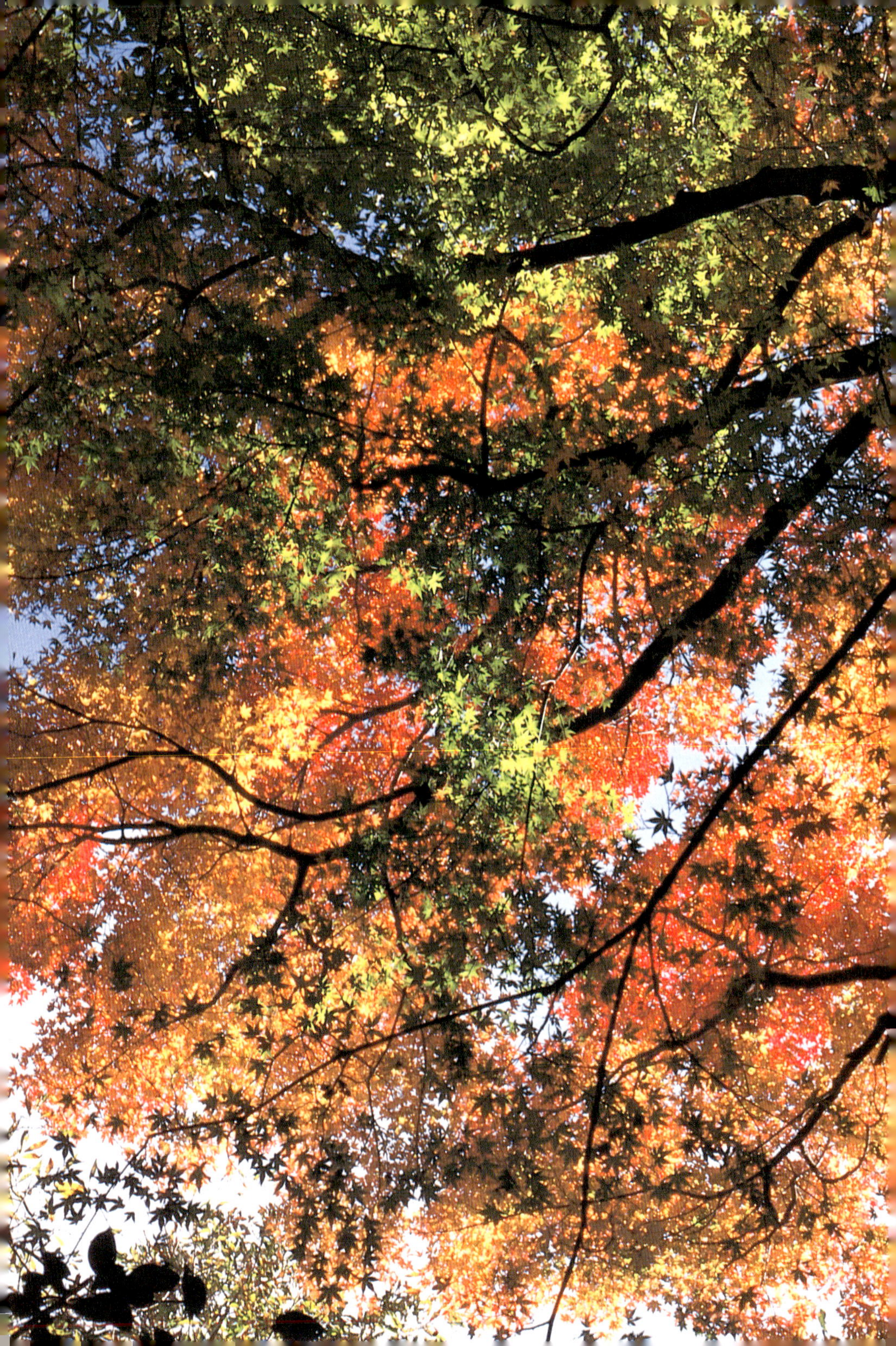

秋
の植物

福智山のイロハモミジ

キツネノカミソリ

Lycoris sanguinea Maxim.
ヒガンバナ科

林下にごくまれな多年草。県内各地で見かけるこの仲間の多くはオオキツネノカミソリである。葉の幅は多くが1cm以下で狭く、早春に伸び出し、5月下旬には枯れる。花期は8月下旬－9月上旬で、花茎は高さ30－50cm、3－5個の花がつく。総苞片は披針形で長さ3－4cm、花披片は赤褐色で長さ約8cm、おしべは6個、花披片とほぼ同じ長さで、花披片より長く突き出すことがない。葉の幅の狭いこと、おしべが花披片より長く突き出さないこと、花披片が濃色であることなどの点がオオキツネノカミソリと異なる点である。

分布：本州－九州，中国
カテゴリー：情報不足（福岡県）
2001. 9　貫山地

スイラン

Hololeion krameri (Franch. et Savat.) Kitam.
キク科

湿地にまれな多年草。茎は高さ約1m、上方で分枝する。根出葉は線状披針形で長さ15－20cm。縁にまばらに鋸歯がある。花期は9－10月。頭花は黄色で径3－3.5cm。花柄は3.5－10cm、総苞外片は披針形。本種に近い種類に絶滅危惧ⅠB類（環境省）、絶滅危惧ⅠB類（福岡県）のチョウセンスイランがあるが、これは花柄が0.8－3.5cmと短く、総苞外片が卵形である点が異なる。

分布：本州（中部地方以西）－九州
1994. 9　貫山地

ヒメシロネ

Lycopus maackianus (Maxim.) Makino
シソ科

山麓部から山地にかけての湿地にやや普通の多年草で，当山域には数箇所の生育地がある。茎は地下茎から立ち上がり，四角形で径3mm以下で細い。高さは30－60cm，葉の縁には鋭い鋸歯がある。花期は8－10月，各葉腋に多数の花をつける。花は白色で径約5mmの小さなものである。

分布：北海道ー九州，朝鮮半島・中国（東北部）・ロシア東部

1994. 9　　貫山地

ムカゴニンジン

Sium ninsi L.　　セリ科

湿地にややまれな多年草。時に群生する。太い根がある。茎は高さ50－100cmで，上方でよく分枝し，細い枝になる。葉は単羽状複葉で，鋸歯があり，小葉は円形から上方に向かって線形へと変化する。花期は9－10月，花は白色で，茎の先に散形花序につく。果実が形成される頃，根元や葉腋にむかごがつくられる。

分布：北海道ー九州，朝鮮半島・中国

1994. 9　　貫山地

秋の植物 | 137

オニバス

Euryale ferox Salisb.
スイレン科

山間部や丘陵地のため池にまれに生育する一年生の大形浮葉植物。芽生えの頃の葉は沈水葉、浮葉も初期は切れ込みのある楕円形であるが、後の葉は切れ込みのない円形になる。浮葉の直径は1m以上に達し、表面にはしわがあり、裏面は赤紫色で、葉脈が格子状にひどく隆起していて楯状で丈夫。両面とも脈上にするどい刺がある。花には水中で結実する閉鎖花と水面で開花する開放花がある。開放花は8月に見られるが平開しない。花弁は紫色。

分布：本州以南―種子島、アジア東部・インド
カテゴリー：絶滅危惧Ⅱ類（環境庁）、絶滅危惧ⅠB類（福岡県）
全体　2002.9　貫山地
花　2002.9　貫山地

マツバニンジン

Linum stelleroides Planch.　アマ科

日当たりのよい山地草原にごくまれな一年草。茎は細く直立し、高さ30-50cm、全体無毛で上部で分枝する。葉は小さく互生して、狭長楕円形、長さ1-3cm、3脈があって先は尖る。花期は8-9月、花は淡青紫色で径1cm以下、花弁は広倒卵形で、午前中に咲いて午後には落花してしまうという、開花時間の非常に短い花である。

分布：北海道―九州、東アジア
カテゴリー：絶滅危惧ⅠA類（福岡県）
2001.9　貫山地

ナベナ

Dipsacus japonicus Miq.
マツムシソウ科

谷川沿いの開けた場所などにまれな大形の越年草。高さは2mに達し、直立してよく分枝し、全体に刺状の剛毛がある。葉は羽状に分かれ鋸歯がある。花期は8－9月、花は淡紅色で、多数集まって球形の頭花となる。頭花の径は約2cm、花冠は長さ7mm、上部は4裂している。午前中開花した花冠は午後には落ちてしまう。落花後の頭花は花床が整然と並び、独特の形をなす。また、花床の鱗片の先は硬い刺状になっている。

分布：本州－九州、朝鮮半島・中国
カテゴリー：絶滅危惧Ⅱ類（福岡県）
2000.9　福智山地

イヌハギ

Lespedeza tomentosa (Thunb.) Sieb. ex Maxim.　マメ科

日当たりのよい山地草原にまれな半低木で高さ30－60cm、全体に黄褐色の軟毛が密生している。葉は3小葉からなり、頂小葉は有柄で長楕円形。花期は8－9月、花はわずかに黄色を帯びた白色、長い総状花序に多数密集してつき、花序の長さは2－10cm、花序は茎の先端および上部葉腋につくられる。

分布：本州－琉球、朝鮮半島・中国・インド・ヒマラヤ
カテゴリー：絶滅危惧Ⅱ類（環境省）、絶滅危惧ⅠB類（福岡県）
1999.9　貫山地

秋の植物 | 139

マネキグサ

Lamium ambiguum (Makino) Ohwi　シソ科

石灰岩地の林下，林縁にごくまれな多年草。茎は四角形で細く，長さは20-60cmで，地面を這った形になっている。葉は有柄，葉身とも粗い毛がある。花期は8-9月，花は葉腋に1-3個つき，濃紅紫色で，長さ18-20mm，上唇はまっすぐに伸びてかぶと状をなし，下唇は3裂して開出し，白いふちどりかそれに近い模様がある。長さ7-8mm。

分布：本州（群馬県以西）・中国地方（岡山県・広島県）・四国（徳島県・高知県）・九州（福岡県・大分県）

カテゴリー：絶滅危惧Ⅱ類（環境省），絶滅危惧Ⅱ類（福岡県）

1995.9　貫山地

ミヤマイラクサ

Laportea macrostachya (Maxim.) Ohwi
イラクサ科

県内ではおもに石灰岩地の林下のガレ場にまれな多年草。茎は高さ40-80cm。葉は円形から広卵形，鋸歯は下方の葉では小さく，上方の葉で大きくなり，先端の鋸歯は尾状に伸びる。全体に刺毛があり，触れるとひどく痛む。9月頃，茎の上方に長さ10cm以上の細長い雌花序を，下部の葉腋に短い雄花序を上向きにつける。当山域内にはイラクサ科植物で，刺毛をもっている危険な植物として，ほかにイラクサとムカゴイラクサがある。

分布：北海道・本州・九州
カテゴリー：絶滅危惧ⅠB類（福岡県）
1995.9　貫山地

イガホオズキ

Physaliastrum japonicum (Franch. et Savat.) Honda
ナス科

山地の林下・林縁にごくまれな多年草。個体数は非常に少なく、群生もしない。茎はまばらに分枝して広がる。高さは40－60cm、葉は卵形から広卵形で、大きいものは長さは15cmを超え質は柔かい。花期は6－8月、葉腋に普通1－2個の花を下垂し、花冠は黄白色。液果は球形で径約1cm、熟すと白色になる。萼は果期には果実を包むが、それは不完全で先の方が開いた状態で、果実の先が一部のぞいて見える。萼には刺状の突起がある。

分布：北海道－九州，朝鮮半島・中国（北部・東北部）

カテゴリー：絶滅危惧ⅠB類（福岡県）

1995.9　貫山地

ヤマホオズキ

Physalis chamaesarachoides Makino　ナス科

山地の林下・林縁にごくまれな多年草でやや湿り気のある所を好む。イガホオズキよりさらに個体数が少ない。形状はイガホオズキに似ている。花期は6－7月、花は葉腋に1－2個下垂する。花冠は淡緑色，広鐘形で5裂している。液果は淡緑色，萼は小さいが、ホオズキのように果実を完全に包み込んでしまう。萼には稜があり，その稜上に短い刺状突起があるのが特徴である。

分布：本州（栃木県以西）・四国（徳島県・香川県）・九州（福岡・長崎・熊本・大分の各県）

カテゴリー：絶滅危惧ⅠB類（環境省），絶滅危惧ⅠA類（福岡県）

1997.9　福智山地

ジュンサイ
Brasenia schreberi J. F. Gmel.
スイレン科

山間のきれいな水のため池にまれに生育する多年生の浮葉植物。地下茎と水中茎がある。浮葉は楕円形で長さ6－9cm。葉柄の先に楯状につき切れ込みがない。巻いた状態の展開前の若葉や茎の先端部は透明な粘液物質に覆われていて、ぬるぬるしており、昔から食用とされてきた。花期は6－8月。葉腋から花茎が伸びて径約15mmの小さな暗赤色の花を開くが目立たない。池の多くが富栄養化しているために著しく減少している種類である。

分布：北海道－九州, アジア東部・オーストラリア・アフリカなど。

2002. 8　貫山地

ガガブタ
Nymphoides indica (L.) O.Kuntze
ミツガシワ科

山間部のため池にまれに生育する多年生の浮葉植物。細くて長い茎があり、先の方に葉をつける。葉は普通, 長さ7－15cmの心形ないし卵心形。花期は7－9月。花は葉柄の基部に多数集まってつき、1日にほぼ1個の割合で開花する。花冠は車形に5深裂し、白色で裂片の縁と内面とに長い毛がある。花の径は約15mm。花序が短い葉柄の基部につくられるために花は浮葉のすぐ近くに咲く。

分布：本州－九州, 東アジア・オーストラリア・アフリカ

カテゴリー：絶滅危惧Ⅱ類（環境省），絶滅危惧Ⅱ類（福岡県）

2001. 9　貫山地

シオガマギク

Pedicularis resupinata L. var. oppositifolia Mig.
ゴマノハグサ科

山地草原に生育するが個体数はあまり多くない。茎は高さ25-50cm、やや湿気のある土壌で生育がよいが、乾いた所にもある。葉は狭卵形で厚く、縁に重鋸歯があり、先は尖っている。花期は9-10月、枝先や下部の葉腋にできた苞の腋に紅紫色の花をつける。花冠は長さ約2cmで基部に長さ数mmの萼がある。花冠の上唇は鎌形にねじれて先はくちばし状に尖り、下唇は広がって先は浅く3裂している。中央裂片は小さい。

分布：北海道（中部・南部）-九州、朝鮮半島・中国（東北）

1994.9　福智山地

トモエシオガマ

Pedicularis resupinata L. var. caespitosa Koidz.
ゴマノハグサ科

貫山地に見られるもので、日当りよくやや湿気のある土壌に生育している。茎などはシオガマギクとほとんど区別がつかない。茎は多くは分枝せず、高さ30-50cmあり、細くて弱いので周囲の植物に支えられて伸びていることが多い。花期は10月、花序は下部の葉腋にはほとんどつかず、茎の先端部に短くつまってつくために、花序を上から見るとともえ形になっているのが特徴である。

分布：本州・九州
1996.10　貫山地

秋の植物

キバナアキギリ
Salvia nipponica Miq.
シソ科

林下に生える多年草，福智山では標高800m付近のイヌシデ林の林下に大きな群生地があり，さらに上部のクマイザサ群落の道端などにも生育している。茎は四角で，高さ20−40cm，基部はやや地面を這っている。葉は三角状ほこ形で基部は左右に張り出している。花期は9−10月，花穂の長さは10−20cm，花冠は長さ2.5−3.5cm，淡黄色の唇形で大きく開口する。

分布：本州−九州
全体　1993. 9　福智山地
花　　1994. 9　福智山地

ナンバンギセル
Aeginetia indica L.
ハマウツボ科

ススキに寄生する一年草。日当たりのよい場所で，あまり密生していないススキによくつく傾向がある。花期は8−9月，15−25cmの花柄を伸ばしその先に1花をつける。萼は先が尖っている。花冠は基部が濃紫色，先の方は淡紅色で，長さ3−4cm，裂片は全縁である。花は咲きはじめは横向き，のちにやや下を向きオモイグサ（思草）の別名がある。花は数本が束生することが多い。

分布：北海道−琉球，中国
　　　・インドシナ・マレーシア・インド
1993. 9　福智山地

ツチアケビ

Galeola septentrionalis Reichb. fil.　　ラン科

照葉樹林帯上部から夏緑樹林帯にかけての林下にまれな無葉緑の腐生植物。地上茎は太くて直立し，高さ50－80cm，褐色でまばらに分枝して花序となる。花期は6－7月，多数の花がつく。花は黄褐色で半開き，果実は肉質でウインナーソーセージ形で下垂し，長さ6－10cm，径約3cm，赤熟する。アケビの名がついているが，果実は裂開しない。

分布：北海道（札幌以南）－九州

1993. 9　福智山地

オタカラコウ

Ligularia fischerii (Ledeb.) Turcz.　キク科

生育範囲は照葉樹林帯上部から高山帯に及び，適応力の非常に強い植物である。県内では英彦山地に多く見られるが，当山域では福智山だけの希少種である。草原の中の湿地や多湿の林下，林縁を好む。根出葉はフキによく似ている。茎は高さ50－150cm，茎葉は3個で小さい。花期は8－9月で，花序は花茎の約半分の長さがあって大きく，下から開花する。舌状花は5－9個で花冠の長さは約25mmで黄色。

分布：本州（福島県以南）－九州，ロシア東部・中国・ヒマラヤ

1993. 9　福智山地

秋の植物 | 145

アカバナ

Epilobium pyrricholophum Franch. et Savat.
アカバナ科

山麓から山地にかけての湿地にややまれな多年草。当山域には生育環境そのものがあまり存在しない。茎は高さ20－70cm、短い腺毛がある。葉はほとんど無柄の卵形から卵状披針形で、縁には目立つ鋸歯があり、基部はしばしば茎を抱く。葉は茎と共に、写真のように赤みを帯びることが多い。花期は8－9月、花は葉腋に1個つき、花弁は4個で紅紫色、花の下部に細くて長い子房部がある。果実は細長く長さ3－6cmの4稜形。

分布：北海道－九州、朝鮮半島・中国・サハリン・千島

1994.9　福智山地

ミヤマフユイチゴ

Rubus hakonensis Franch. et Savat.　バラ科

夏緑樹林帯の林下にまれなフユイチゴ類の1種である。茎は細く地面を這い、細い刺がまばらにある。葉は卵形ないし広卵形で、先は尖っており、鋸歯の先は刺状である。花期は9－10月、花序は枝先につき10花あまり、花弁は倒卵形で白色、やや反り返る。果実はあまり大きくならず、径約9mm、初冬に赤く熟す。山にはよく似た種類に、フユイチゴ、オオフユイチゴ、ホウロクイチゴなどがある。

分布：本州（関東以西）・四国・九州

1993.9　福智山地

キュウシュウコゴメグサ

Euphrasia insignis Wettst. var. kiusiana Yamazaki
ゴマノハグサ科

日当たりのよい山地草原にごくまれな一年草で茎は下部で分枝して直立し、高さ7－25cm。曲がった短毛がある。葉は卵形で水平につき、鋸歯の先は鋭く尖っている。花期は9－10月，萼は広鐘形，花冠は萼の大きさに対して大きく、唇形で上唇はかぶと形で紫色の条があり、下唇は3つの裂片の開いた角度が同属のツクシコゴメグサよりも狭く、各裂片の先のへこみは深い。下唇の内面には小さな黄斑がある。

分布：近畿北部・中国・九州北西部
カテゴリー：情報不足（福岡県）
1993.9　福智山地

ツクシコゴメグサ

Euphrasia multiforia Wettst.
ゴマノハグサ科

日当たりのよい山地草原にまれな一年草で茎は分枝して直立し、高さ7－25cm、曲がった短毛がある。葉はやや上向きにつき、卵状長楕円形か長楕円形で縁に2－4対の先の比較的まるい鋸歯がある。萼は筒形で深く裂けている。花期は9－10月，花冠は唇形で、上唇はかぶと形で紫色の条があり、下唇は開いて先は3裂し、各裂片の先は浅くへこむ。また、下唇の内面には黄斑がある。

分布：長野県下伊那地方・中国地方西部・四国西部・九州北部
1994.9　福智山地

秋の植物 | 147

オミナエシ

Patrinia scabiosaefolia Fisch.
オミナエシ科

秋の七草の1種，日当たりのよい山地草原にやや普通の多年草。茎は高さ50-150cm，下部にあらい毛があり，葉は対生して羽状に深裂する。花期は8-10月，花は小さく，集散花序に多数つき，花序の上部はほぼ平らになる。当地方では8月上旬から咲き始めるので，キキョウなどと共にお盆に仏前に供える風習がある。よく似た種類に白い花のオトコエシがあり，両者の雑種にオトコオミナエシがある。

分布：北海道－九州，朝鮮半島・中国・シベリア東部

1995.9 福智山地

ミシマサイコ

Bupleurum scorzoneraefolium Willd. var. **stenophyllum** Nakai セリ科

日当たりのよい山地草原や林縁部に生える多年草。平尾台や香春岳には多いが，ほかでは少ない。茎は単一で高さ30-60cm，ややジグザグに折れ曲がり，上部で枝分かれして花序をつける。葉は長披針形から線形で葉脈は平行脈状。花期は9-10月，花は小さく，複散形花序につき，花弁は黄色である。

分布：本州－九州，朝鮮半島

カテゴリー：絶滅危惧Ⅱ類（環境省），絶滅危惧Ⅱ類（福岡県）

1995.9 福智山地

アケボノソウ

Swertia bimaculata (Sieb. et Zucc.) Hook. et Thoms.　リンドウ科

湿地や湿気の多い林下・林縁を好む一年草ないし越年草。大きな根出葉があり、茎は高さ50-80cm、葉は対生で3脈が目立つ。花期は9-10月、茎の下方からよく分枝して集散花序をつける。花冠の裂片は5個、花冠は黄白色で先端部に多数の黒い斑点があるほか、中央より少し上方に2個の淡緑色で円形の蜜を出す腺がある。

分布：北海道-九州、中国
1994.9　福智山地

コバノボタンヅル

Clematis pierotii Miq.
キンポウゲ科

疎林内や林縁部に生えるつる性の半低木。平尾台・皿倉山・福智山・香春岳などにやや普通。葉は2回3出複葉で小葉は3つに分かれ、大きな鋸歯がある。花期は9月、葉腋から集散花序を出し1-3花をつける。花は上向きに咲いて4個の萼片は白色で平開かやや反り返る。多数の目立つ花糸があるが、それらも白色。よく似た種類にボタンヅルがある。

分布：四国・九州・琉球
1994.9　福智山地

秋の植物

ヤマジノホトトギス
Tricyrtis affinis Makino
ユリ科

山地の林下や林縁に生えるやや普通の多年草。茎は長さ20－60cm、短いものは直立し、長いものは斜上し、茎には下向きの毛がある。花期は8－10月で、同属のヤマホトトギスが6－8月の夏季に咲くのに対して遅れる。花のつき方はホトトギスに似て各葉のつけ根に1－3個つき、茎の先端から下方に向かって順次咲く。花柄は短く、花は全開し、白地に紫の斑点が入るが、その程度は個体によりかなり異なる。花柱や花糸には紫斑は入らない。

分布：北海道西南部－九州

2001.9　福智山地

ノダケ
Angelica decursiva (Mig.) Franch. et Savat.
セリ科

乾いた山地草原や林縁にややまれな多年草。大きな根出葉は羽状複葉で3－5個の小葉からなり、茎は直立して暗紫色、高さ70－150cm、節間が長く、あまり分枝しない。茎葉の葉柄は袋状に大きくふくらんでおり、葉身はほとんど退化し、葉柄部のふくらみから垂れた形になっている。花期は9－10月、花は複散形花序につき暗紫色。

分布：本州（関東以西）－九州、朝鮮半島・中国・インドシナ

2000.9　貫山地

ヒナノキンチャク
Polygala tatarinowii Regel
ヒメハギ科

山地草原にごくまれな一年草。茎は基部で分枝して斜上し、高さ5－10cm、隆起線がある。葉は卵円形から楕円形で先は尖り、基部は急に細まる。葉縁には毛がある。花期は8－10月、花は枝先に総状花序につき、長さ3－8cm、花は淡紅色で長さ約2mm。果実は偏ってつき、扁円形で、形が小銭を入れるきんちゃくに似ているところからこの和名がある。

分布：本州―九州，朝鮮半島・中国・フィリッピン・東南アジア・インド・ロシア東部

カテゴリー：情報不足（環境省），絶滅危惧ⅠA類（福岡県）

2000.9　貫山地

ツリフネソウ
Impatiens textori Mig.　ツリフネソウ科

草原の中の湿地・湿気の多い伐採跡地・登山道沿いなどに広く生育し，時に群生する。茎は高さ50－80cm，無毛で節はふくらみ赤味を帯びる。葉は互生し，縁に鋸歯がある。9月中旬頃，葉腋から花軸が伸びる。花序は7－8花からなり，花をつり下げる。写真は珍しいシロツリフネを上げた。普通種の中に時々出現するもので，花の白色の個体には茎にも赤い色素がほとんど含まれていない。白花といえども花弁などに赤紫色の斑点が入る。後方に見える花が普通種である。

分布：北海道―九州，朝鮮半島・中国

1994.9　福智山地

ミズヒキ

Antenoron filiforme (Thunb.) Roberty et Vautier　タデ科

山地や山麓の林下・林縁に普通の多年草。茎は直立し、まばらに分枝して高さ40－60cm、葉は楕円形から広楕円形、表面に光沢はなく、中央部に黒い雲紋のあることが多い。また、茎や葉に毛がある。花期は8－10月、花は細くて長い総状花序にまばらにつき、卵形で赤色の萼裂片が目立つ。よく似た種類にシンミズヒキがある。これは全体に毛がなく、葉の表面に光沢があり、雲紋がなく、鮮やかな緑色であることなどで区別できる。

分布：北海道－琉球、朝鮮半島・中国・インドシナ・ヒマラヤ

1994. 9　福智山地

ウラジロマタタビ

Actinidia arguta (Sieb. et Zucc.) Planch. ex Miq. var. hypoleuca (Nakai) Kitam.　マタタビ科

サルナシの葉の裏の白いものである。山地にある落葉性の藤本であるが、まれ。中国原産のキウイの仲間。樹木や岩にからんで伸び、葉の裏は葉脈部を除いて粉白色、葉柄は長く、帯紅色。雌雄異株または雌雄雑居性といわれる。花期は5－6月、花弁は5個で白色の梅花状。集散花序につき、雌花は1－5花、雄花は3－10花がつく。果実は9－10月に熟し、広楕円形で長さ2－2.5cm、径約1.7cmのキウイ形、緑黄色に熟し、香気があり食べられる、また、果実酒づくりに使われたりする。

分布：本州（関東以西）－九州

1995. 9　福智山地

カヤ

Torreya nucifera (L.) Sieb. et Zucc.　イチイ科

常緑の高木で山地の乾燥したガレ場のような環境を好む。石灰岩地には散生するが、竜ヶ鼻には群落があり、直径が70cmに達する大本がある。葉は線形で、先は鋭く尖り、触れると痛い。裏面には白色の気孔帯が2条ある。雌雄異株で花はともに前年枝に腋生する。種子ははじめ緑色、のちに紫褐色になる仮種皮に包まれているが、熟すと仮種皮が裂けて種子が出る。種子からとれる油は食用や頭髪用になるという。

分布：本州（宮城県以南）・四国・九州（屋久島）

1994.9　貫山地

ムクロジ

Sapindus mukorossi Gaertn.　ムクロジ科

落葉高木で神社などに植えられていることがある。自生はごくまれで、竜ヶ鼻・香春岳の二ノ岳・方城町岩屋などにあるが、どれも石灰岩上である。葉は長さ30-50cm、幅7-20cmの羽状複葉で頂小葉を欠く。花期は6月で、花は大型の円錐花序につき黄緑色。果実は球形で黄色に熟し径約2cm、基部に未発達の心皮がついている。種子は球形で径約1cm、羽根つきの球として使用されてきた。また果皮はサポニンを含むためせっけんの代用になる。

分布：本州（茨城県・新潟県以南）－琉球・小笠原、東南アジア、東アジア

1994.9　貫山地

秋の植物 | 153

ネコノチチ

Rhamnella franguloides (Maxim.) Weberb.
クロウメモドキ科

山地・山麓の林内にややまれな落葉低木。石灰岩地にも非石灰岩地にも生育している。葉は互生して長楕円形、長さ5−10cm、先は尾状に尖り、表面は深緑色で光沢がある。花期は5−6月、花は小さく黄緑色、果実は円柱状長楕円形で長さ8−10mm。形に特徴があり、成熟するにつれて黄色から紅色、さらに黒色に変化する。名前は果実の形がネコの乳首に似ていることからきている。
分布：本州（岐阜以西）−九州、朝鮮半島南部
1998.9　福智山地

クロヤツシロラン

Gostrodia pubilabiata Sawa　　ラン科

常緑林内にごくまれな地生の無葉緑の腐生植物で、シイ・カシ類、スギの落葉を好む傾向がある。生育の非常に不安定な植物で毎年出現するとは限らない。花期は9月中旬、花期の花茎は地表上ではほとんど伸長せず高さ約2cmで、多くは落葉下で開花する。しかし、花期が過ぎると茎は高さ7−8cmまで伸長する。花は1−数個つき、黒褐色ないし暗紫褐色で萼片と側花弁とが合着した鐘状の筒形で、表面に細かなしわと小突起がある。果実は長楕円形で黒褐色。
分布：四国（高知）・九州（福岡・宮崎・鹿児島の各県）
カテゴリー：絶滅危惧ⅠB類（環境省）・絶滅危惧ⅠA類（福岡県）
1998.9　貫山地　平栗康 氏撮影

イヌヨモギ

Artemisia keiskeana Miq.
キク科

石灰岩の乾いた岩上にごくまれな多年草。茎は叢生し、花のつく茎は長さ30−60cm。斜上し、花のつかない枝は短く、先にロゼット状に葉をつけている。ロゼット状の葉はさじ形で、縁には大きな先のあまり尖らない鋸歯がある。花茎の下部の葉は花時には枯れており、中間部の葉は倒卵形で大きな鋸歯がある。葉はやや厚く、光沢がある。花期は8−10月、総状円錐花序に小さな頭花を多数下向きにつける。

分布：北海道−九州、朝鮮半島・中国
カテゴリー：絶滅危惧ⅠA類（福岡県）
2000.9　貫山地

ノタヌキモ

Utricularia aurea Lour.　タヌキモ科

山間部のため池にまれに生育する一年生の食虫植物で水面近くに浮遊している。茎は分枝して長さ1.5mにも達する。葉は基部から3本の枝に分かれ、それぞれがさらに立体的に枝分かれするのが特徴である。葉の全体の長さは3−5cmで、多数の捕虫嚢をつけている。花期は9−10月。長さ3−5cmの花茎に普通、数個の花をつける。花弁は黄色で径約6−10mm。落花後、花柄は垂れてふくらみ球形の果実になり、果実の先には花柱が残る。よく似た種類にイヌタヌキモがある。

分布：本州−琉球、東アジア・インド・オーストラリア
カテゴリー：絶滅危惧ⅠB類（福岡県）
2001.10　貫山地

リュウキュウマメガキ

Diospyros japonica Sieb et Zucc.　カキノキ科

山地に生える雌雄異株の落葉高木であるが個体数は非常に少ない。葉の裏面は粉を吹いたような緑白色。よく似た種類にマメガキがあるが、葉は両端が尖り、葉柄の長さが8－13mmであるのに対し、本種は葉身の基部が円く、葉柄は20－30mmと長いのが特徴である。果実はほぼ球形で非常に小さく、高さ15－16mm、径は高さと同じか、やや長い程度。果実の頂端には長さ約1mmの突起がある。10月に黄色に熟し、さらに黒変する。宿存する萼（へた）は大きく、横幅は18－22mmあり、4－5裂している。

分布：本州（関東以西）－琉球、中国

カテゴリー：絶滅危惧ⅠA類（福岡県）

2001.10　貫山地

サイヨウシャジン

Adenophora tripylla (Thunb.) A. DC. var. triphylla　キキョウ科

山地草原に普通の多年草。太い根茎から高さが1mを超す茎が伸びる。根出葉は花期には枯れる。茎葉は各節に4個つくが、上部になるにつれて小さくなり、ついには痕跡的になる。花は大きな円錐花序につき、花をつける小枝は普通5個輪生する。花冠はつぼ形で筒の径は約7mm、長さ10－11mm、筒先より7－9mm花柱が長く突き出す。よくツリガネニンジンと間違われるが、ツリガネニンジンの花冠は鐘形でさらに大きく、花柱は花の筒から少ししか突き出ることはなく、県内では極めてまれである。

分布：中国地方・四国・九州・琉球、中国（本土・台湾）

1994.10　貫山地

ハイメドハギ
Lespedeza juncea (L. fil.) Pers. var. serpens (Nakai) Ohashi　マメ科

日当たりのよい山地草原,ため池の土手などにややまれな多年草。茎は地面を這って長さ40-80cm,葉は3小葉に分かれ,頂小葉が他の小葉よりやや大きい。花期は9-10月で花は葉腋に数個集まってつき,黄白色で旗弁は紫色,翼弁の先にも紫斑がある。よく似た種類にメドハギがある。本種はメドハギの匍匐型であり,メドハギより個体数が少ない。

分布：本州-琉球,中国
1997.10　福智山地

ナンバンハコベ
Cucubalus baccifen L. var. japonicus Mig.
ナデシコ科

照葉樹林帯上部の開けた場所や林縁部にまれな多年草で,茎は細く他物に寄りかかって伸び,長さは1m以上に達し,上部で分枝して広がる。葉は広披針形ないし卵形で長さ2-3cm。花期は9-10月,花は枝先に単生し,下向きに咲く。萼は緑色で5個に分かれており,はじめは鐘形,のちに生長して梅花形に開く。花弁は離れてつき,白色で細長く,先は2つに分かれている。開花後は花弁を残したまま果実が生長する。果実は楕円形で長さ約1cm,液果状で黒く熟す。帰化植物と間違われてナンバンの名がついたといわれる。

分布：北海道-九州,中国・朝鮮半島など
2001.10　福智山地

秋の植物 | 157

ミヤコミズ
Pilea kiotensis Ohwi
イラクサ科

好石灰植物。茎は普通高さ10－20cmで時に40cmにも達し、岩の壁面に生えているものは下垂している。葉は対生で、葉身は長楕円形、長さ3－8cm、先は尾状に尖り、主脈を中心にして左右の形、大きさが不相称である。植物体は多汁で柔らかい。花期は9－10月、花は上部葉腋に集散花序につく。

分布：本州（京都・兵庫・奈良・和歌山・岡山・山口の各府県）・九州（福岡県・大分県）

カテゴリー：絶滅危惧Ⅱ類（環境省）、絶滅危惧Ⅱ類（福岡県）

1994.10　福智山地

ジンジソウ
Saxifraga cortusaefolia Sieb. et Zucc.
ユキノシタ科

渓流沿い、山地の水気の多い岩場、ドリーネの内壁などに生育し、時に群生している。多年草で、葉はユキノシタに似て根生し、比較的深い切れ込みがあり、長い柄がある。葉の裏面は緑白色、葉や花茎には毛があり、葉では粗く、花茎では細く柔らかい。花期は10月、花茎は長さ30－50cm、花弁は5個あるが、下の2弁が大きく発達して長さ15－20mm、幅2.5－3.0mmの披針形となり、ちょうど「人」の字に見えることから人字草の名がある。それに対し上方の3個の花弁は痕跡的で、中央に大きな赤斑があるものの目立たない。

分布：本州（関東地方以西）・四国・九州
1994.10　貫山地

アキチョウジ

Rabdosia longituba (Mig.) Hara　シソ科
普通林縁や明るい林下などの半日陰で湿気の多い環境を好むが、伐採跡地などでは大きく生長し花付きがよくなる傾向がある。茎は四角で高さは50cmになり稜には下向きの毛がある。葉は狭卵形で鋸歯があり、葉柄には葉から続く翼がある。花期は9－10月、花は青紫色の筒形で長さ1.7－2.0cm、やや1方向に偏った細長い花穂となる。上唇は浅く4裂して上に反り、下唇はやや長く突き出している。

分布：本州（岐阜県以西）－九州
1994.10　貫山地

カワミドリ

Agastache rugosa (Fisch. et Mey.) O. Kuntze　シソ科
山地の草原のやや低木の混じるような環境にまれな多年草で、茎は四角で高さ50－100cm、全体に香気がある。葉は対生し、広卵形で鋸歯がある。花期は8－10月、茎の先端につく花穂には沢山の花が集まり、長さ5－10cm、紅紫色で美しい。花冠は唇形で、上唇は直立して中央が窪み、下唇は開出して3裂し中央裂片の幅が広い。おしべが花の外に突き出している。

分布：北海道－九州、朝鮮
　　半島・中国・ロシア東部
1994.10　貫山地

秋の植物│159

ハバヤマボクチ
Synurus excelsus (Makino) Kitam.　キク科

日当たりのよい山地草原にややまれな多年草。茎は高さ1－2m，紫色でくも毛があって白い。下部の葉は大きくほこ形で，葉身は長さが20cmを超え，長い柄があり，裏面には綿毛が密生して白色。花期は10月，頭花は茎の上部の短い枝に点頭し，径3－5cm，基部の総苞片は開出し刺状。花冠は黒紫色で，長さ約25mm。頭花は草原にあって一際突き出て目立つ。「ハバヤマ」は葉場山のことで採草地のある山の意。

分布：本州（福島県以南）－九州
1994.10　貫山地

シギンカラマツ
Thalictrum actaefolium Sieb. et Zucc.
キンポウゲ科

明るい林下，林縁にまれな多年草。高さ30－60cm，全体無毛であまり分枝せず弱々しい。茎葉は2－3回3出複葉で小葉の多くは長さより幅が広く，裏面は灰白色。花期は8－10月，花序は複散房状につき，花は径約1cm，長さ5－10mmの花柄がある。萼片は4個で花期には落ちている。多数の白色のおしべがあり，花糸は棍棒状で先端につく葯より太い。蕾はまるく紅色。

分布：本州（関東南部以西）－九州
2001.10　福智山地

タカネハンショウヅル

Clematis lasiandra Maxim.　キンポウゲ科
山地の日当たりのよい林縁にややまれなつる性低木で、低木にからまって伸びる。葉は2回3出複葉で葉柄の基部が広がっている。花期は9－10月、花はその年に伸びた枝の葉腋につき、鐘形で下向きに開く。萼片は4枚、長楕円形で長さ1.5－1.8mm、先は反り返り、鮮やかな紅紫色で美しい。おしべには長い毛が密生している。

分布：本州（近畿地方以西）－九州、中国（本土・台湾）

2001．10　福智山地

ヒメヒゴタイ

Saussurea pulchella Fischer
キク科

日当たりのよい山地草原にややまれな越年草。近年ススキやネザサが密生する傾向にあり、生育環境が減少している。茎は直立して50－150cm、上部で分枝して多数の頭花をつける。茎葉は披針形、下部の茎葉は開花時には枯れている。花期は8－10月、頭花は径12－16mm、総苞片には淡紅色の付属体があり、蕾の時から美しい。花冠は長さ11－13mm。時に白花がある。白花個体はシロバナヒメヒゴタイとよばれ茎に紫色の色素がなく鮮緑色である。

分布：北海道－九州、朝鮮半島・中国（東北）・ロシア東部

カテゴリー：絶滅危惧Ⅱ類（環境省）、絶滅危惧Ⅱ類（福岡県）

全体　　1994．10　貫山地
花拡大　1995．10　福智山地
白花　　1993．9　福智山地

秋の植物 | 161

ヤクシソウ

Youngia denticulata (Houttuyn) Kitam.　キク科

日当たりのよい山地の乾いた地面、岩上・崖地などに普通の越年草で、秋の山野を飾る代表的な植物。茎は高さ20－50cm，根元からよく分枝する。根出葉はさじ形で花時には枯れ，茎葉は基部で茎を抱く。花期は8－11月，花は枝先に多数つき，頭花の径は約1.5cm。上向きに咲き，開花後は下を向く。

分布：北海道－九州，朝鮮半島・中国・ベトナム

1996.10　福智山地

ミツバベンケイソウ

Hylotelephium verticillatum (L.) H. Ohba
ベンケイソウ科

好石灰植物で，林下の岩上やガレ場にまれ。茎は冬には枯れ，春に根茎の不定芽から更新される。茎は高さ30－60cm，多くは斜上している。葉は和名からすると三輪生と思われるが，当山地ではほとんどが対生である。葉の表面は緑色，裏面は緑白色。花期は9－10月，花序は複散房状につき，花弁は淡緑白色，裂開前の葯は淡黄色。

分布：北海道－九州，朝鮮半島・中国・ロシア東部

カテゴリー：絶滅危惧ⅠB類(福岡県)

全体　1995.8　貫山地
花　2000.10　福智山地

ヒツジグサ

Nymphaea tetragona Georgi
スイレン科

山間部のため池にごくまれに生育する多年生の浮葉植物。太くて短い根茎から葉が伸びる。沈水葉と浮葉がある。浮葉は楕円形ないし卵形で基部は深く切れ込み，側裂片の多くは左右に離れて広がり，長さは普通8－15cm。裏面は帯紫色。花期は6－10月で，花の径は5－7cm，花弁は白色で多数，萼片は4個で淡緑色。県内ではかつて広く分布していたが，近年，ため池の改修などにより激減している。

分布：北海道－九州，東アジア・インド・ヨーロッパ
2002.10　貴山地

ヤマシロギク
（イナカギク）

Aster ageratoides Turcz. subsp. amplexifolius (Sieb. et Zucc.) Kitam.　キク科

山地草原や明るい林縁などにやや普通の多年草で，秋の野菊の代表種。茎は高さ45－80cm，上方でよく分枝して，花期には斜上したものが多い。茎には白い短毛が密生している。葉は茎の中部以下では長楕円状披針形で先から1/3くらいの所で急にくびれて次第に細くなり基部ではなかば茎を抱き，両面に短毛があってざらつく。花期は9－11月，花は枝先に散房状につき，頭花は白色で径約2cm。よく似た種類に，全体に毛の少ないシロヨメナがあるが，まれ。

分布：本州（東海地方以西）－九州
1993.10　福智山地

秋の植物 | 163

フウトウカズラ
Piper kadzura (Chois.) Ohwi
コショウ科

一般的には海岸の林内に生えるつる性の木本であるが，内陸部でも多々生育しており，特に石灰岩地には多いようである。香春岳の山麓部では林下に普通で，岩上を這い，樹木にものぼっている。枝は緑色，葉は厚く互生し幅の狭い卵形で5本の葉脈がはっきりしている。雌雄異種で花は4－5月に咲き，花穂は棒状で下垂する。液果は球形で，写真はまだ未熟の状態であるが，冬を越して赤くなる。属名はPiperであるが，辛味はない。

分布：本州（関東南部以西）
　　　－琉球・小笠原，朝鮮半島
　　　南部
1993.10　福智山地

アキノキリンソウ
Solidago virgaurea L. subsp. asiatica Kitam.
キク科

日当たりのよい山地草原にややまれな多年草。茎は高さ25－50cmで細くてかたく，多くは1本立ちであるが時に集まって立つ。根出葉は開花時には枯れている。中部以下の葉柄は有翼。花期は8－11月で頭花は枝の先に総状につき黄色。セイタカアワダチソウの花が本種に似ているところから，かつて，セイタカアキノキリンソウと呼んだことがあった。

分布：北海道－九州，朝鮮半島
1996.10　貫山地

ヤマハッカ

Rabdosia inflexa (Thunb.) Hara　シソ科

山地草原・林縁・山間の水田の石垣などに広く生える多年草。茎は高さ30－60cm、よく分枝して茂り、稜上には下向きの毛がある。葉は広卵形から三角状広卵形で、あらい鋸歯があり、葉柄には翼がある。花期は9－10月、花は集散花序に、大きな株では全体として円錐花序の形に多数つく。花冠は青紫色で長さ7－10mm、開口部では上唇は立ち上がり下唇は前に長く突き出る。

分布：北海道―九州、朝鮮半島・中国

1996.10　貫山地

アキカラマツ

Thalictrum minus L. var. hypoleucum (Sieb. et Zucc.) Mig.　キンポウゲ科

山地草原に普通の多年草。茎は高さ50－130cm、上部で分枝する。茎葉は2－4回3出複葉で小葉は長さ1－3cm。花期は8－10月で花は大形の円錐花序に多数つく。3－4個ある萼片は早く落ちてしまい、花は黄色の長い葯をつけた細い花糸が多数垂れさがった形のものになる。写真の花序はやや小さなものである。

分布：全国、朝鮮半島・中国・ロシア東部

1996.10　貫山地

サワヒヨドリ

Eupatorium lindleyanum DC.
キク科

日当たりのよい湿地にやや普通の多年草で時に群生し、また普通の草地にも散生する。茎は細いが丈夫で直立し、高さ40－60cm、紫色で上部には毛を密生する。葉は対生し、無柄で3脈が目立ち、時に3裂する。花は8－10月、小さな頭花が茎頂に密に散房状につき、花冠は紅紫色。5個の筒状花からなり、花柱の先は伸びて突起状になり、反って開出する。

分布：北海道ー琉球，朝鮮半島・中国・ベトナム・マレーシア・タイ・インド
1996.10　貫山地

ヤマジノギク

Heteropappus hispidus (Thunb.) Less.　キク科

日当たりのよい乾いた草原にやや普通の越年草。茎は高さ30－60cm、はじめ直立し、上部でまばらに大きく分枝する。根出葉や茎の下部の葉は花時には枯れる。葉は倒披針形から線形、茎や葉にあらい毛が多い。花期は9－10月、枝の先に1花をつける。頭花の径は約3.5cm、舌状花は1列で、花冠は淡青紫色。

分布：本州（東海地方以西）ー九州，朝鮮半島・中国
2001.10　貫山地

センブリ

Swertia japonica (Schult.) Makino　リンドウ科

当山域では土砂が流失してまだ植物があまり生えてないような環境に生育していることが多いが、まとまって生育している所は数箇所しかない。高さは5－20cmで、茎は叢生し、紫色を帯びる。茎葉は線形で縁は多少外側に反る。花期は10月、花冠は白色で5深裂し、裂片には紫色の条があり、基部に2個の蜜腺溝がある。全草に強い苦味があり、健胃剤として使用されるため採取され減少している。

分布：北海道－九州、朝鮮半島・中国

2000.10　貫山地

シュウメイギク

Anemone hupehensis Lemoine var.japonica (Thunb.) Bowles et Stearn　キンポウゲ科

石灰岩地にごくまれな多年草で当山域の生育地は2箇所だけであり、個体数も少ない。もともと栽培されていたものが野性化したとの説がある。当山域に限らず、全国的に見て、生育地の多くは石灰岩地であり、好石灰植物と見てよい。3個の小葉からなる根出葉があり、茎は高さ50－100cm、茎には2－3個からなる茎葉を数輪、輪生する。花期は10月中旬、茎の先端に紅紫色で径約5cmのきれいな花をつける。花弁はなく、萼片が花弁状に変化したものである。

分布：本州－九州、中国

1998.10　福智山地

秋の植物 | 167

ヒヨドリバナ
Eupatorium chinense L.
キク科

山地草原や林縁にやや普通の多年草で高さは1－2m，時に群生する。茎に短毛があり，葉は長楕円形で先は尖り，縁には鋭い鋸歯がある。花期は8－10月，頭花は散房状につき，花冠は白色。ヒヨドリバナの仲間には染色体が異数のものがあり，それぞれに形態を異にしている。葉に黄斑の入ったものがよくあるが，ウイルス病によるものである。

分布：北海道－九州，朝鮮半島・中国・フィリピン
1994.10　貫山地

リンドウ
Gentiana scabra Bunge var. buergeri (Mig.) Maxim.
リンドウ科

山地草原にまれな多年草。平尾台を除いてその他の山地草原では人為的な管理が十分に行われていないために，ススキやネザサの高茎化や密生，樹木の侵入，人為の採取などのために本種の減少は著しい。茎は高さ20－100cm，細くて丈夫。花期は秋の野の花としては最も遅い10月下旬から11月。花冠は5裂し，紫色で筒部内面には茶褐色の斑点，裂片部には小白斑がある。

分布：本州－奄美
カテゴリー：絶滅危惧Ⅱ類（福岡県）
1993.10　福智山地

シラヤマギク

Aster scaber Thunb.
キク科

山地草原に普通の多年草で茎は高さ1.0 - 1.5m。根出葉は卵心形で長い柄があり、有翼であるが花時には枯れてしまう。茎の下部の葉も多くが有翼で、葉身は三角状心形。上部になるにつれて小形になる。花期は8 - 10月、茎の上部で枝分かれして、白色の頭花をまばらにつける。頭花の径は2cmあまりで、頭花あたりの舌状花の数は10個以下と少ないので、大きさの割には派手さがない。若芽は山菜として利用され、春先には芽を摘む人をよく見かける。

分布：北海道 - 九州、朝鮮半島・中国
1996.10 貫山地

キチジョウソウ

Reineckea carnea (Andr.) Kunth　ユリ科

林下や竹林下などにやや普通の多年草で、群生していることが多い。葉は根生して束生し線形。花期は10月、高さ10 - 20cmの花茎は赤紫色で、まばらに花をつける。花は中部まで筒状、先は6個の裂片に分かれ反り返る。花披片の外面は濃赤紫色、内面は淡紅紫色。おしべが突き出しており、めしべはそれよりさらに長い。山野に個体数は多いが、花をつけることはごくまれである。吉祥草で家に何かめでたいことがあると開花するといわれている植物である。

分布：本州（関東以西）・九州、中国
1996.10 福智山地

秋の植物

ナメラダイモンジソウ
Saxifraga fortunei Hook. fil. var. suwoensis Nakai
ユキノシタ科

ダイモンジソウの変種で，渓流の水しぶきのかかるような壁面に生育している。葉身は楕円形で，幅12cm，長さ7.5cmに達し，幅の方が長い。葉は5－7裂していて切れ込みの深い点がダイモンジソウと異なる。葉柄は赤色の個体が多い。花茎は長さ20－30cmで，上部で枝分かれして多数の花をつける。花期は10月中・下旬。花弁は5個で白色。時に淡紅色。下部の2個が長さ約2cmと長く，ほかは短い。おしべは10本で，葯は橙色。

分布：本州（中部地方以西）－九州
カテゴリー：絶滅危惧ⅠA類（福岡県）
2001.10　福智山地

ヒキオコシ
Rabdosia japonica (Burm.) Hara　　シソ科

平尾台や香春岳ではやや普通の多年草。高さ50－150cmのやや大形の植物で茎は四角形。葉は広卵形で縁に鋸歯があり先は尖る。茎の上部でよく分枝して，全体として大きな円錐花序をなす。花期は9－10月，小さな淡青紫色の花を多数つける。全体に苦味があり，健胃薬として用いられることがある。倒れた人も引き起こすの意味があり，延命草の名もある。

分布：北海道（西南部）－九州，朝鮮半島
1995.10　福智山地

コシオガマ

Phtheirospermum japonicum (Thunb.) Kanitz　ゴマノハグサ科

日当たりのよい草地，林縁にまれな半寄生の一年草で全体に密に軟毛が生える。茎は下部で分枝して高さ20－30cm。葉は対生し深く裂けて細い裂片に分かれる。花期は9－10月，花冠は筒状で唇形。上唇はかぶと形で先は2裂して縁は反り返り，下唇は上唇よりも長く3裂して開出し，中に2本の隆起した条がある。美しい花である。

分布：北海道－九州，朝鮮半島・中国（中北部・東北部）・ロシア東部
1995.10　福智山地

ヒノキバヤドリギ

Korthalsella japonica (Thunb.) Engler
ヤドリギ科

山地の稜線などの気流のよく通る場所にあり，ヤブツバキ・ネズミモチ・ソヨゴ・ヒサカキ・ヤブニッケイなどの常緑樹の枝に着生する半寄生の小さな小低木。茎は緑色で扁平。高さ5－10cm，翼状に広がり，短い節々になっていて，サンゴに似た形になっている。葉はほとんど痕跡的。春から秋にかけて各節に花がつき，小さな橙黄色で透明な果実がつく。写真ではシロダモに着生している。当山域にはほかに大形のヤドリギがあり，エノキやムクノキなどに着生している。

分布：本州（関東地方以西）－琉球・小笠原，中国・東南アジア・オーストラリア
1995.10　福智山地

秋の植物

オオバヤドリギ

Scurrula yadoriki (Sieb.) Danser
ヤドリギ科

福智山の山麓部の樹木に着生している半寄生の常緑小低木でややまれ。ツブラジイ・スギ・イロハモミジ・シロダモ・ソメイヨシノ・クマノミズキなど色々な樹木に着生している。幹は高さ1mにもなる。常緑であるから夏期は発見し難く、宿主が夏緑樹なら冬期は発見しやすい。葉は普通の広葉樹に似て卵形か広楕円形で、若い枝や葉の裏面に茶褐色の毛を密生する。花期は9-10月、花は赤褐色、細長い筒状で先は4裂している。果実は赤熟する。写真はエドヒガンに着生した小さな個体である。

分布：本州（関東地方南部以西）-沖縄、中国（中南部）
2001.3　福智山地

ホソバノヤマハハコ

Anaphalis margaritacea (L.) Benth. et Hook. fil. subsp. japonica (Sch. Bip.) Kitam.　キク科

稜線部の山肌の出ているような環境にまれな多年草で、福智山から牛斬山にかけての尾根筋に見られ、平尾台にも少数生育している。茎は高さ15-30cm、叢生するが中程では分枝しない。葉は狭披針形で多数つき、厚く幅2-3mm、全体に綿毛をまとっていて帯白色。花期は9-10月、枝先に多数の頭花をつける。総苞は球形で、総苞片は拡大してみると蠟細工のようできれいなものである。

分布：本州（福井県・愛知県から西）-九州
全体　1994.10　福智山地
花拡大　1993.9　福智山地

ノコンギク

Aster ageratoides Turcz. subsp. ovatus (Franch. et Savat.) Kitam.　キク科

日当たりのよい山地草原や山道に群生するごく普通の多年草。ヨメナやヤマシロギクなどと共に秋の野菊の代表。地下茎が長く横に這って繁殖する。茎は下部では分枝せず，枝の先の方で分かれて散房状に花をつける。茎の高さは30−50cm，茎は丈夫で倒れにくい。花期は8月下旬から11月上旬までと長く，頭花は径2.5cmあまりで，舌状花は普通，淡青紫色であるが，色の淡いものから濃いものまで変化に富む。

分布：本州—九州
1997.10　福智山地

チョウセンガリヤス

Cleistogenes hackelii (Honda) Honda
イネ科

日当たりのよい乾燥した石灰岩上や岩礫地にまれな多年草。平尾台・香春岳・方城町などの石灰岩地にある。根茎は短く，大きな株にはならない。越冬芽は光沢のある先の尖った鱗片に包まれている。茎は細く径1mm，葉はまばらにつき，葉身は長さ6−10cm，幅6−7mm，葉鞘は葉身より短く，葉鞘・葉身とも長さ3−5mmの開出した長毛がある。花期は8−10月，まばらに分枝した円錐花序で，小穂の小花は2−4個で赤紫色を帯びる。上方の葉腋に閉鎖花がつき，時に閉鎖花だけのことがある。

分布：本州・四国・九州，朝鮮半島・中国北部
カテゴリー：絶滅危惧Ⅱ類（福岡県）
2001.10　貫山地

秋の植物 | 173

ヤマラッキョウ

Allium thunbergii G. Don　ユリ科

かつては草原に広く分布していた植物であるが、現在まとまって見られる所はごく少ない。貫山地ではネザサ群落の中に生育している所があるが、近年、ネザサが高茎化し、かつ密生する傾向にあるので、本種の減少が心配される。花茎は高さ50-60cmで下部に葉が少数ある。10月下旬頃、花茎はネザサより少し伸び出し、その先端に多数の花を球形につける。花披片は楕円形で紫紅色、平開しない。おしべもめしべも紫紅色で花披片から長く突き出す。葯は茶褐色。

分布：本州（福島県以南）－琉球、朝鮮半島（南部）・中国（本土・台湾）

1996.10　貫山地

ウメバチソウ

Parnassia palustris L. var. multiseta Ledeb.
ユキノシタ科

日当たりのよい丈の低い草地や湿地などにまれな小形の多年草。福智山系ではおそらく盗掘により全滅した所がある。根出葉は長い柄があり束生し、葉身は卵形で基部は心形。花期は10-11月、細くて真直ぐな花茎の頂に1花がつく。花は梅花状で平開し、径約2cm、花弁は白色で平行脈が目立つ。仮おしべは糸状に分かれて斜開し、先端に球形で黄色の腺体をつけている。

分布：北海道－九州、台湾・東アジア北部・サハリンなど

カテゴリー：絶滅危惧Ⅱ類（福岡県）

1996.10　貫山地

ヤナギアザミ

Cirsium lineare (Thunb.) Sch. Bip.　キク科

山地草原にややまれな多年草。茎は直立して高さ70-120cm、上方で分枝する。葉は線形で縁に多少ぎざぎざがあるものの刺はなく、手にささることはない。中には葉の裏が白毛で被われたものがあり、ウラジロヤナギアザミと呼ぶ。頭花は少数で枝先に単生する。総苞は幅1.2-1.8cm、総苞片は線形、内片の先は紅紫色。

分布：本州（山口県）・四国・九州

1994.10　福智山地

ヤマアザミ

Cirsium spicatum (Maxim.) Matsum.
キク科

日当りのよい山地草原にまれなアザミで、茎はあまり太くないが丈夫で高さは150cmを超える。枝はほとんど出さず写真のように棒立ちになる。茎葉は羽状に深く切れ込み、刺針は太くてかたく、長さ5-10mm、花期は10月、頭花は小さく、総苞の幅は約8mm、花冠は長さ約18mm、花は短い枝に穂状に多数つき、ほとんどが斜め上向きに咲く。

分布：四国西部・九州
1994.10　福智山地

秋の植物 | 175

ヒメアザミ
Cirsium buergeri Miq.
キク科

山地草原や林縁部などにやや普通の多年草で、茎は高さ1－2m、時によく分枝して茂る。葉はややまばらにつき、裂片は幅狭く長く尖り太い刺針がある。葉の基部は茎を抱く。花期は8－11月。頭花は小さく鐘形で総苞は幅7－10mm。柄はないか、あっても短い。

分布：本州（近畿地方以西）－九州
1999.12　福智山地

ルリミノキ
Lasianthus japonicus Miq.
アカネ科

渓流沿いの林下に生える高さ1－2mの常緑低木で、あまり分枝しない。枝は緑色で無毛。葉はやや厚く対生につき、長楕円形で先は尾状に尖り、表面に光沢がある。葉身は長さ7－15cm、幅2－4cm。花は5－6月、葉腋に出る短い花序に2－4個つき、長さ1cmの白色で高杯形。内側に軟毛がある。液果は球形で径約6mm、10月下旬にるり色に熟す。

分布：本州（東海地方・紀伊半島・中国地方）－沖縄、中国
カテゴリー：準絶滅危惧（福岡県）
2001.10　福智山地

ナギナタコウジュ
Elsholtzia ciliata (Thunb.) Hylander　シソ科

山の道端に生える一年草で，どの山域にも生育している。高さは30－60cm，茎は四角形でよく分枝し，白色で下向きの縮れ毛が密生している。葉は狭卵形で鋸歯がある。花期は9－11月，花穂はなぎなた状に反り，花が1方向に偏ってつくのが特徴である。偏円形の大形の苞が並び，その外側に淡紅紫色で外面に毛の沢山ついた花冠が並ぶ。花冠からはおしべが少し突き出ている。

分布：北海道－九州，アジア地域の温帯地域

1994.11　貫山地

イヌセンブリ
Swertia diluta (Turcz.) Benth. et Hook. fil. var. tosaensis (Makino) Hara
リンドウ科

湿地にごくまれな一年草または越年草。当山域の生育地は1箇所だけであり，茎は高さ3－10cmと低く，個体数も少ない。この植物は生育条件がよければ高さは30cmにも達するものである。葉は倒披針形でセンブリに比べて幅が広い。花期は10－11月，花冠は白色で5深裂し，淡紫色の条があり，基部に2個の蜜腺溝がある。蜜腺溝のまわりには長毛があって，それは外からはっきり確認できる。苦味はなく薬にはならない。

分布：本州－九州，朝鮮半島・中国
カテゴリー：絶滅危惧Ⅱ類（環境省），絶滅危惧ⅠＢ類（福岡県）

1999.11　貫山地

ムラサキセンブリ

Swertia pseudochinensis Hara　　リンドウ科

日当たりのよい乾いた草原にまれな一年草または越年草で、ほかの植物がややまばらに生えているような所を好む。茎は太く、暗紫色で高さは20-40cm、葉腋からよく枝を出す。葉は対生し線状披針形。花期は10-11月で、野の花としてはリンドウと共に遅い方である。花は紫色で裂片は5個、濃紫色の条があり、ほとんど平開し、蜜腺溝に毛がある。センブリのような苦味があるが薬にはしない。

分布：本州（関東地方以西）－九州、朝鮮半島・中国（東北）・アムール

カテゴリー：絶滅危惧Ⅱ類（環境省）、絶滅危惧Ⅱ類（福岡県）

2000.11　貫山地

シマカンギク

Dendranthema indicum (L.) Des Moulins　　キク科

日当たりのよい山地・山麓に普通の多年草で、岩場や崖などの環境を好む。茎は叢生し、高さ30-60cm。葉は深く羽状に5中裂して、形こそ小さいが栽培菊に形が似ており同じ香りがある。花期は10-11月、頭花は径約2.5cmで舌状花冠は黄色。時に白花がある。1年間のしめくくりとして晩秋に野を飾る野菊である。

分布：本州（近畿地方以西）・九州、朝鮮半島・中国

2000.11　貫山地

ハダカホオズキ

Tubocapsicum anomalum
(Franch. et Savat.) Makino
ナス科

湿り気のある明るい林下や伐採跡地などにややまれな多年草。茎は直立し，上方で分枝して広がる。葉は柔らかく大きい。花期は8－9月，葉腋から下向きに細い柄のある花を数個つける。花冠は淡黄色の杯形で5裂し，裂片は反り返る。液果は球形で赤く熟す。名は萼が果実の上方にあって，果実を包むことがないことによる。

分布：本州－琉球・小笠原，東南アジア
1999.12　福智山地

マルバノホロシ

Solanum maximowiczii
Koidz.　ナス科

山地の林緑や伐採跡地などにややまれな多年草。茎はつる状に長く伸びて広がる。山麓部にあるヒヨドリジョウゴによく似ているが，ヒヨドリジョウゴの葉には軟毛があり，基部は心形で，下部の葉は3－5片に裂けるのに対し，本種の葉は無毛であり，長楕円形で基部はくさび形であるなどの違いがある。花期は9月，花冠は淡紫色で5裂しており，後方に反り返る。液果は球形で垂れ下がり，11月に赤熟する。写真では多くがすでに落葉している。

分布：本州（関東以西）－九州
1999.12　福智山地

秋の植物 | 179

ナンテン
Nandina domestica Thunb.
メギ科

香春岳には石灰岩地特有の植物群落としてナンテン―アラカシ群集があり，アラカシ林の樹下にナンテンが自生している。写真は平尾台のもので，日当たりのよい所にあったので果実が沢山ついている。ナンテンは特別なものではなく，人家に植えられているものと全く同じものである。常緑の低木で果実は12月頃に赤く熟す。果実の含むアルカロイドは咳止めの効果がある。

分布：西南日本の暖帯，
　　　中国の暖帯
1994.12　貫山地

バクチノキ
Prunus zippeliana Mig.　　バラ科

もともと沿海の常緑林内にまれに生える常緑高木であるが，石灰岩地にも見られる。香春岳の一ノ岳の標高230mにある大木（写真）は県指定の天然記念物である。香春岳にはほかに3本の高木がある。田川市夏吉岩屋の石灰岩上にも高木が1本あり，苅田町の石灰岩地にもある。バクチノキの名は樹皮がはがれ落ちて木肌が紅黄色になるところから，ばくちに負けて身ぐるみはがされた姿を連想したものである。

分布：本州（関東地方以西）―琉球，済
　　　州島
1986. 3　福智山地

ツゲ（アサマツゲ）

Buxus microphylla Sieb. et Zucc. var. japonica (Muell. Arg. ex Mig.) Rehder et Wils.　ツゲ科

福岡県内のツゲの生育地は古処山と香春岳のみである。古処山には群落があり、山頂部はツゲの原生林として国の天然記念物に指定されている。香春岳にも昔は多くのツゲがあり、昭和20年代まで一ノ岳には直径が10cm程の木が数本あったといわれているが今はなく、二ノ岳の断崖に高さ1mくらいのものが数本見られるだけになっていて、貴重な存在である。

分布：本州（関東以西）－屋久島
カテゴリー：絶滅危惧Ⅱ類（福岡県）
1998.3　福智山地

カツラ

Cercidiphyllum japonicum Sieb. et Zucc.
カツラ科

福岡県では数の少ない樹木で福智山系では山神川上流と七重の滝下部に1本ずつ確認されているだけである。写真は後者で、洪水時には水の流れる涸川に立っている。樹高約20m、根まわり285cm、幹は高さ1mの所で8本に分かれており、ほかに数本の萌芽がある。落葉性の樹木で叢生する性質がある。葉の形が独特で、葉身は円心形で波状の鋸歯があり、裏面は粉白色である。樹皮は縦に浅い割れ目をもつ。山神川沿いの木は根まわり188cmで、高さ1mの所で直径40cmと35cmの2本に分かれている。

分布：北海道－九州の温帯気候の所
2001.4　福智山地

秋の植物 | 181

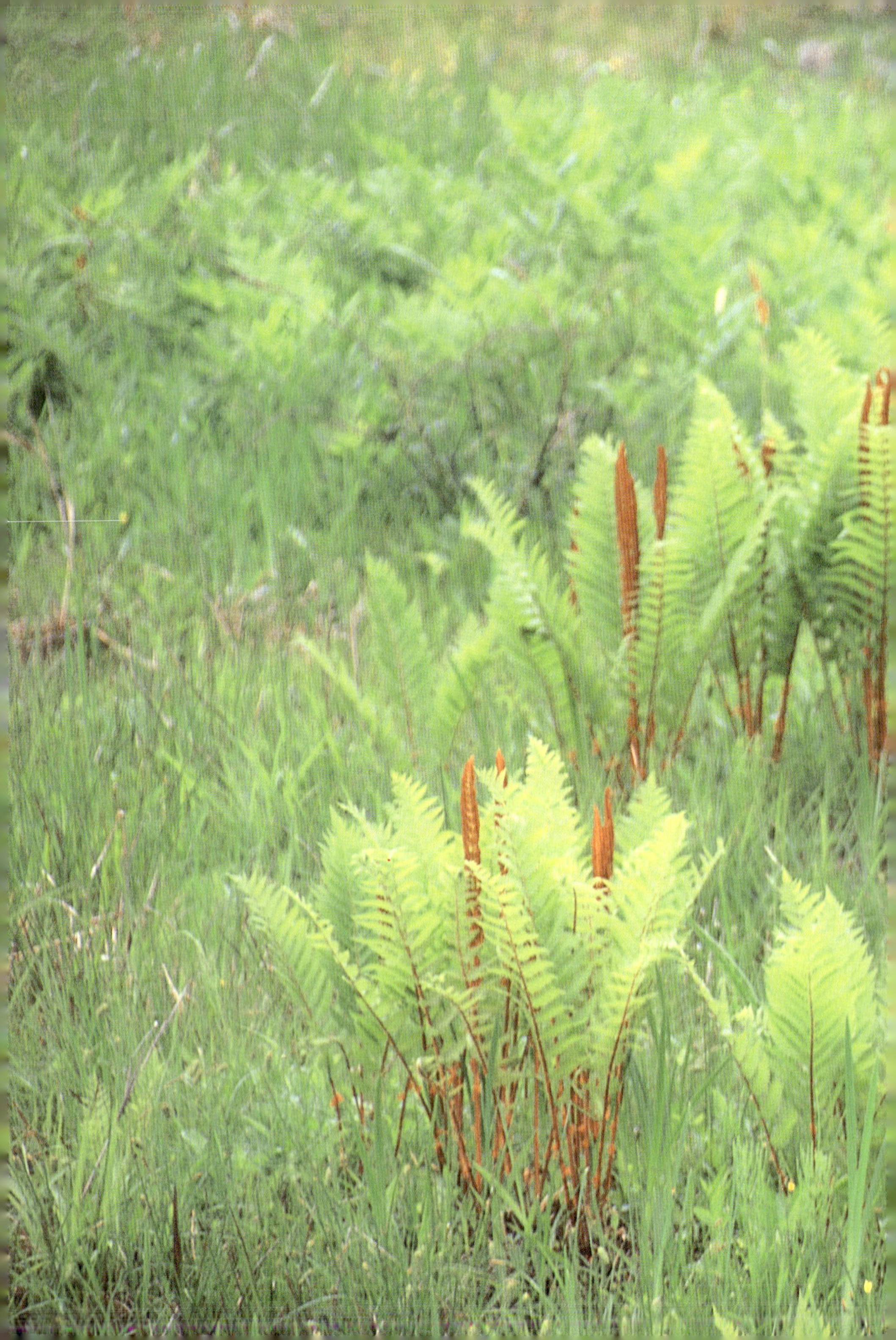

シダ植物
維管束植物以外

ヤマドリゼンマイ(貫山地)

フジシダ

Monachosorum maximowiczii (Bak.) Hayata　コバノイシカグマ科

山地にまれに分布し，落葉林内の岩地や日当たりのよい岩地の岩の隙間に生育している。県内の分布は英彦山，宝満山など数箇所に限られている。常緑のシダ植物で，葉身は単羽状複生で長さ10－25cm，幅2－3cmの線状披針形，先はつる状に伸びて先端部に無性芽を生じる。

分布：本州（福島県・関東地方以西）－九州（南部を除く），中国・台湾

1994.8　福智山地

■前ページ写真
ヤマドリゼンマイ

Osmunda cinnamomea L.　ゼンマイ科
山地の湿地に生える夏緑性のシダ。当山域の湿地は乾燥化が進み，他の植物の侵入が著しく衰退ぎみである。栄養葉は叢生し黄緑色。胞子葉は褐色。

分布：北海道－屋久島，東アジア・北アメリカ

2000.5　貫山地

ホウライシダ

Adiantum capillus-veneris L.　ホウライシダ科

鍾乳洞の入口やオーバーハングぎみの岩壁にまれな常緑性のシダ植物で，福岡県内の産地は5箇所だけである。観葉植物として栽培されているアジアンタムの多くが本種であるため，逸出したものがあると見られる。黒紫色ないし黒色の光沢のある葉柄があり，葉身は三角状長楕円形で，羽片には数対の小葉がある。

分布：本州（千葉県以西の本州南部・石川県）・四国・九州・琉球

2001.6　貫山地

キドイノモトソウ

Pteris kidoi Kurata　　イノモトソウ科

好石灰植物。石灰岩地だけに極めてまれに生育する常緑性のシダ植物。福岡県内では当山域だけに生育している。葉身は胞子葉では側羽片が最も長く、長さは20cmに達する。栄養葉は幅が広く5－12mmあり、縁に鋸歯がある。羽片にはやや密に偽脈がある。葉柄は胞子葉で長く、栄養葉で短い。イノモトソウに似ているが、羽片の基脚が葉軸に流れて翼状になることのない点が異なる。

分布：中国地方・四国（高知県）・九州、台湾

カテゴリー：絶滅危惧Ⅱ類（環境省）、絶滅危惧ⅠA類（福岡県）

2001．7　福智山地

ナチシダ

Pteris wallichiana Ag.　　イノモトソウ科

福岡県では低地から山地にかけての多少日の射す林床にややまれ。常緑性とされているが冬期には地上部は枯れることが多い。当山域内では2箇所に生育しているだけである。葉柄は太く径約15mm。高さは約60cmで3つに分岐し、側枝はさらに後方に枝を出すので五角形状になる。枝は長さ50－60cm、2回羽状深裂、裂片は線状披針形でやや鎌状。

分布：本州（千葉県以西の暖地）・四国南部・九州・琉球

1994．5　福智山地

コタニワタリ

Asplenium scolopendrium L.　チャセンシダ科

貫山地にはかつて2箇所に自生していたが、1箇所は人為的な環境改変により消滅した。常緑性で、樹木に着生するか、または、岩上に生え数個の葉を叢生する。単葉で葉身は披針形。普通長さは15－25cm,幅約3cm,基部は心形で両側に耳たぶ状の張り出しがある。葉は厚く、表面に光沢がある。

分布：北海道一九州の温帯域,世界の温帯域

カテゴリー：絶滅危惧ⅠA類（福岡県）

1999.4　貫山地

クモノスシダ

Asplenium ruprechtii Kurata　チャセンシダ科

福岡県内では数箇所の山地に生育するだけのシダ植物で、石灰岩地と安山岩地に限られている。当山域では石灰岩上にのみ生育している。常緑性の小さなシダ植物で、岩の割れ目にあり、葉身は単葉で、胞子のつく葉は大きく、狭披針形で長さは10cm以上になり、先は次第に細くなってつる状に伸び、先端には不定芽を生じる。幼葉は小さな楕円形である。

分布：北海道一九州, 朝鮮半島・中国（東北部）・ロシア東部

1997.8　福智山地

イチョウシダ

Asplenium ruta-muraria L.　チャセンシダ科

好石灰植物。石灰岩上に極めてまれな常緑性の小さなシダ植物。石灰岩の割れ目や小さな岩のくぼみに生え、葉は葉柄を含めて長さ2－6cm。長さ1cmあまりの根茎があり、それから葉を叢生する。細長い葉柄の先にイチョウ形の葉身があり、葉の前縁部は鋸歯状になっている。貫山地ではまだ発見されていない。

分布：北海道－九州,北半球の温帯域に広く分布・ヒマラヤや台湾の高地にもある。

カテゴリー：絶滅危惧ⅠB類（福岡県）

1999.5　福智山地

ホウビシダ

Asplenium hondoense Murakami et Hatanaka
チャセンシダ科

渓流の水しぶきのかかるような壁に重なるようにして群生する常緑性のシダ植物。おもに石灰岩地に生育している。葉柄は長さ10－20cm,赤褐色から紫褐色,葉身は単羽状披針形から長楕円状披針形。先は尖っており、長さ15－25cm,幅約4cm。羽片は15－20対、まるみのある四辺形で、後側では基部の半分が欠落した形になっている。胞子のう群は羽片の中肋近くにつく。名は葉の形が鳳凰の尾に似ているということ。

分布：本州（石川県・千葉県以西）・四国・九州,済州島・中国

1997.8　福智山地

シダ植物，維管束植物以外 | 187

ツルデンダ
Polystichum craspedo-sorum (Maxim.) Diels
オシダ科

英彦山地では安山岩上に生育している所があるが、それ以外の生育地は石灰岩地であり、好石灰植物の1種と見ることができる。石灰岩地の林下の岩上やドリーネの壁などに群生している所がある。葉身は単羽状複生、線状披針形、長さは12－20cm、幅2.0－3.5cm、先は長く伸びて無性芽をつける。羽片は普通、20－35対。

分布：北海道－九州、朝鮮半島・中国・ロシア東部

1997.6　福智山地

ナチクジャク
Dryopteris decipiens (Hook.) O. Ktze.
オシダ科

山地の林下にごくまれに生える常緑性のシダ植物で、現存が確認されているのは英彦山地と福智山地の2箇所のみで、後者ではただ1株だけの希少種である。葉身は単羽状複生、長楕円状披針形で長さ30－40cm、幅10－18cm、羽片は披針形で上部に向けてしだいに小さくなり、頂羽片は側羽片と形が異なる。

分布：本州（関東地方南部以西の暖地）－九州、中国

カテゴリー：絶滅危惧ⅠA類（福岡県）

1999.2　福智山地

タチデンダ

Polystichum deltodon (Bak.) Diels　オシダ科

福岡県内での生育地は石灰岩地に限定されている。鍾乳洞の入口の壁面やドリーネの壁面にごくまれに生える常緑性のシダ植物。平尾台では数箇所にあるが，福智山系ではただ1株確認しているだけである。葉は放射状に広がり，葉身は単羽状複生，線状披針形，長さ15-30cmで，ツルデンダよりかなり大形。葉の先端に無性芽はつくらず，群生することもない。

分布：山口県・高知県・九州（中北部），中国・台湾・ベトナム・フィリピン

カテゴリー：絶滅危惧ⅠB類（福岡県）

2000．5　貫山地

キンモウワラビ

Hypodematium crenatum (Forsk.) Kuhn subsp. fauriei (Kodama) K.Iwats.　イワデンダ科

大規模な石灰岩の壁や岩下に極めてまれな夏緑性のシダ植物。県内産地は当山地の2箇所だけで，個体数も少ない。その中の1箇所では石灰岩の採掘の影響により衰退し，消滅寸前になっている。葉柄基部や根茎に金色で光沢のある長い鱗片があるのが特徴。葉身は3-4回羽状複生，多くは三角状で，基部が最も広い。写真は1葉だけの個体。

分布：関東地方・山梨・長野・高知・福岡・熊本・宮崎の各県

カテゴリー：絶滅危惧Ⅱ類（環境省），絶滅危惧ⅠA類（福岡県）

1995．9　福智山地

ヘビノネゴザ
Athyrium yokoscense (Fr. et Sav.) Christ
イワデンダ科
当山域では福智山地の2個所に生育するだけの希少種で，県内でも数箇所しかない。日当りのよい乾いた所を好み，岩の間や土の上にも生える。夏緑性のシダ植物で，葉は密に叢生し直立，葉身は長楕円状披針形で長さ20－30cm，葉柄は葉身と同長かやや短く，わら色。葉は全体に非常にもろく折れやすい。
分布：北海道－九州（南部を除く），朝鮮半島・中国（中・北部）・ロシア東部
2001．5　福智山地

イワオモダカ
Pyrrosia hastata (Thunb.ex Houtt.) Ching
ウラボシ科
当山域では貫山地のみにごくまれに生育する常緑性のシダ植物。県内産地も数箇所しかない。岩上または樹幹に着生する。根茎が短く横に這い，葉はやや接近して立つ。葉身は掌状に普通3裂していて長さ5－15cm，中央の裂片が大きく，三角状披針形。1対の側裂片は狭三角状で，全体はほこ形。基部は心形から広いくさび形。乾燥が続くと葉をまるめて雨の降るのを待つ。
分布：北海道－九州，朝鮮半島（南部）
1997．6　貫山地

ビロードシダ

Pyrrosia linearifolia (Hook.) Ching　ウラボシ科

おもに石灰岩上に生育する常緑性のシダ植物。香春岳の三ノ岳では石灰岩に貫入した火成岩上にも生育している所がある。葉身は線形で長さ約5cm,先端はまるい。全体に黄褐色の星状毛を密生していて,ビロードを感じさせる。

分布：北海道－沖縄,朝鮮半島・中国（東北部）

1997.8　福智山地

イワヤナギシダ

Loxogramme salicifolia (Makino) Makino
ウラボシ科

常緑性のシダ植物。渓流の岩や樹木に着生する。葉身は多くが狭倒披針形で長さは15－30cm,幅1－3cm,全縁で先は尖り,基部に向けて次第に狭くなる。中肋は表面に隆起し,裏面は平ら。透かしてみると網目状の小葉脈がある。写真のように芽立ちは上向に伸びるが,のちに下垂する。乾燥が続くとややまるまり,なめし革様になる。よく似た種類にサジランがあるが,本種は基部が緑で,黒くならない点で区別される。

分布：本州（千葉以西）－琉球,済州島・台湾・中国南部・インドシナ・ヒマラヤ

2001.6　福智山地

アオネカズラ

Polypodium niponicum Mett.　　ウラボシ科
夏に葉がなくて，冬に茂るという変わったシダ植物。当山域では菅生の滝以外に平尾台と竜ヶ鼻の記録がある。県内産地のほとんどが岩上に生育しているが，菅生の滝では珍しくイチイガシその他の樹幹の高さ10－20mの所に着生している。写真は7月に入り，葉が枯れて落葉しつつある時に撮ったものである。根茎は径4－5mmと太く，横に這い緑色か灰色を帯びる。葉柄はわら色で，葉身は広披針形から長楕円形，長さ15－20cm，羽状に深裂している。表裏に短い開出毛があって淡緑色。

分布：本州（富山県と関東西部以西）－九州，中国南部
2001.7　福智山地

オオミズゴケ

Sphagnum palustre L.　　ミズゴケ科
山地・山間の酸性土壌の湿地に生育する。県内数箇所に生育しているが，近年，湿地の乾燥化や周辺の植生の変化，湿地開発，園芸家による採取などにより，生育環境は急速に悪化している。当山域内には2箇所の生育地があるが，いずれも湿地は狭く，1箇所では採取も行われている。茎は高さ10－20cmで密生している。植物体の上部は緑色で，下部は光が通らないために白色から黄褐色。コケ植物は雌雄異株であるが，本種は胞子をつけることはほとんどない。

分布：北海道－九州，世界
カテゴリー：絶滅危惧Ⅰ類（環境省）
2001.6　貫山地

デンジソウ

Marsilea quadrifolia L.　　デンジソウ科

福智山地の山間の水田に生える夏緑性のシダ植物。かつては県内各地にあったが、除草剤の使用により次々に姿を消し、県内唯一の自生地となっている。水生のシダ植物で細い茎が地面を這う。葉は四つ葉のクローバーのように小葉4枚が田の字形に並ぶ。胞子嚢果は長さ約4mmの楕円形で、秋に葉柄基部から少し上で分かれた枝につく。

分布：北海道－奄美大島、東アジア・インド・ヨーロッパ
カテゴリー：絶滅危惧Ⅱ類（環境省）、絶滅危惧ⅠA類（福岡県）
1999.9　福智山地

カワモズク

Batrachospermum moniliforme Roth.
カワモズク科

福智山麓の水田地帯の湧水地に生える極めてまれな紅藻植物である。紅藻植物のほとんどは海藻であるが、カワモズク科は淡水藻である。湧水中や湧水の流入するきれいな水で水温変化の少ない所でしか生育できない。夏期は顕微鏡的な大きさで単胞子をつくって増え、2月頃から本体が現れ、3－4月に長さ5cmに達し、5月には流失してしまう。本体はこげ茶色で、体は中軸細胞を皮層細胞が被い、その各節から出た輪生枝は分枝して、全体は粘液につつまれている。造果器と精細胞の間で有性生殖が行われ、その後、果胞子が形成される。10年くらい前まではアオカワモズクも見られたが絶滅した。

カテゴリー：準絶滅危惧（環境省）
2001.3　福智山地

イワタケ

Umbilicaria esculenta (Miyoshi) Mink.
イワタケ科

一般に上部山地の垂直な岩の壁面に着生する地衣植物で極めてまれ。福岡県内ではこれまでに英彦山・宝満山・脊振山の記録があるが、今回、福智山地で発見された。英彦山地では凝灰岩に、福智山地では花こう岩に着生している。体は葉状でほぼ円形に広がって岩に付着している。大きいもので径5－10cm、背面は比較的滑らかで灰褐色、腹面はほとんど黒色で、黒色の偽根をつけ、ざらざらしている。全国のこれが沢山採れる所では昔から食用にしてきた。

1996.4　福智山地

ウスキキヌガサタケ

Dictyophora indusiata (Vent: Pers.) Fischer f. lutea (Liou et Hwang) Kobayasi
スッポンタケ科

福智山地の標高300－350mの自然林内およびマダケ林内の2箇所で発見された。分布のまれな地生のキノコで，梅雨の頃に発生することが多い。頂部の傘は黄色で表面には網目状の隆起があって，汚緑色でねばねばしたグレバをつけ悪臭を放つ。柄は白色の円筒形で中空，基部は太くなっている。菌網（マント）は比較的濃い黄色のレース状で，地面に接するくらい長く垂れる。よく似た種類に菌網が白色のキヌガサタケがあるが，これも少なく，かつて香春岳のマダケ林で見た程度である。

分布：京都・広島・徳島・福岡・宮崎の各県
カテゴリー：絶滅危惧Ⅱ類（環境省）
2001.6　福智山地

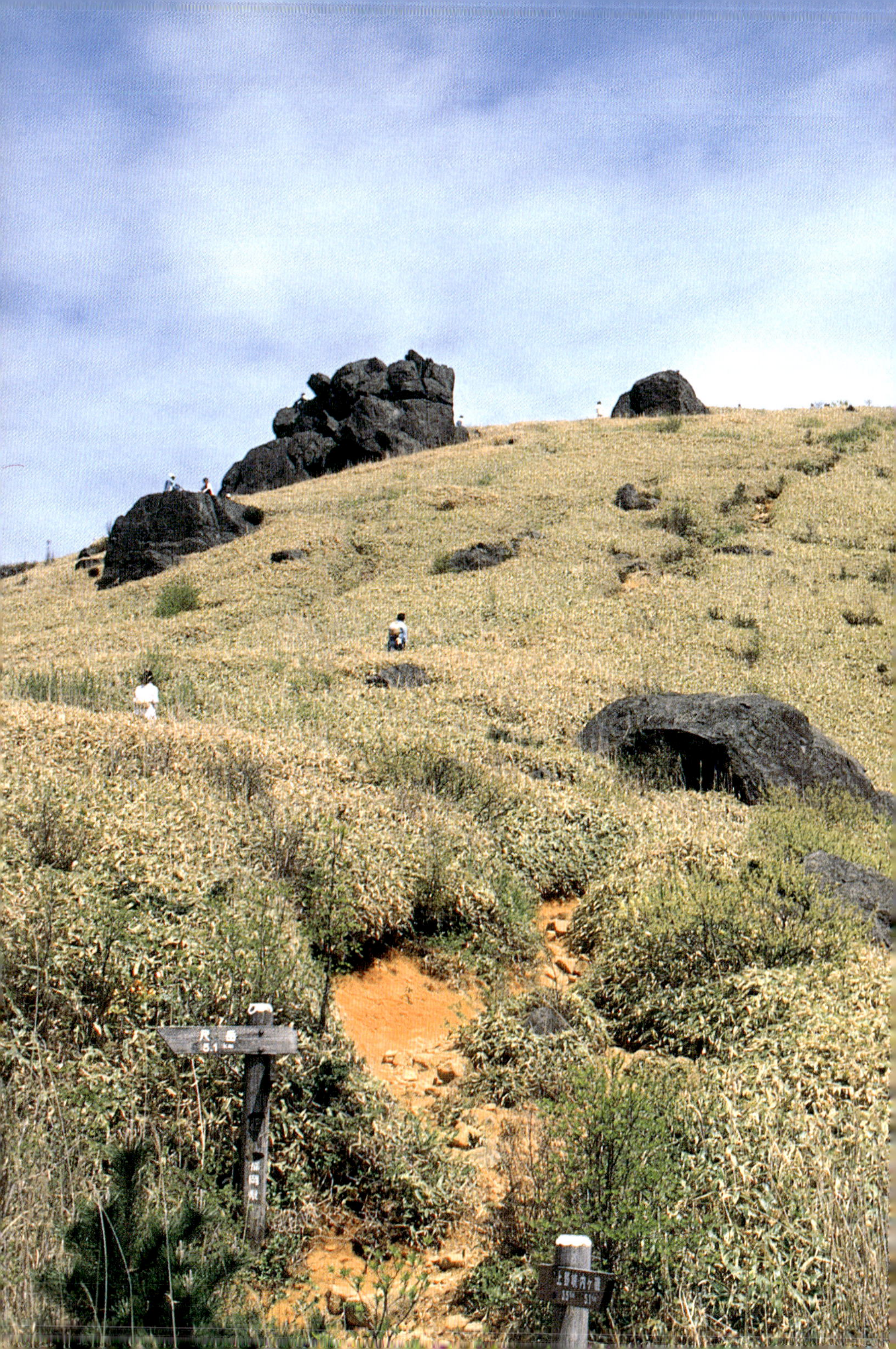

解説資料

福智山山頂部

Ⅰ. 地質

　平尾台や福智山およびそれらの周辺部は古生界の呼野層群からなる。呼野層群は上部層・中部層・下部層の3層に分けられる。下部層は鱒淵層とも呼ばれ，下半部は泥質岩，上半部は変斑れい岩，変花こう閃緑岩類で，共に石灰岩の小岩体をともなっている。中部層は頂吉層とも呼ばれ，砂岩と粘板岩の互層で礫岩・チャート・緑色岩・石灰岩などをともなう。上部層は平尾台石灰岩層ともよばれ，おもに石灰岩からなるが，中生代に花こう岩類の貫入を受けて，その接触変成作

■本山域の地質と石灰岩地

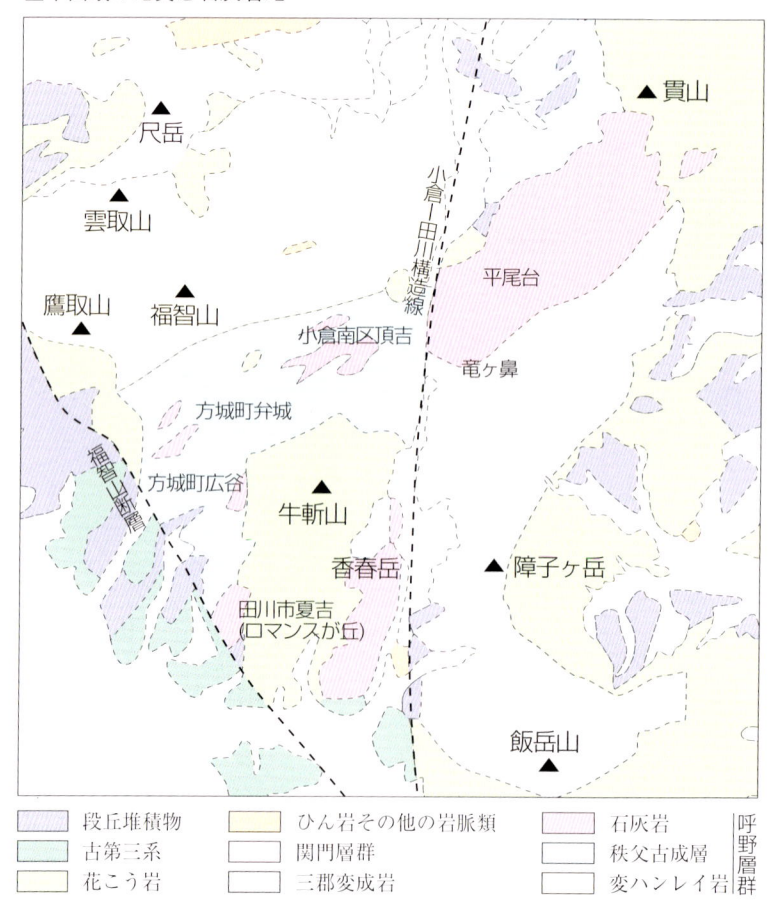

用で再結晶している。石灰岩は関門層群の基底部の石灰岩礫がペルム紀のフズリナを多く含むことからペルム紀に形成されたものと考えられる。花こう岩類は地質図の東部，牛斬山とその周辺，福智山の西山麓などに分布している。また，平尾台の南側から飯岳山にかけては三郡変成岩があり，尺岳のある北部には関門層群の脇野亜層群が分布しており，当山域の地質は非常に複雑である。しかし，何といっても当山域の地質の特徴は平尾台・香春岳をはじめ，石灰岩の岩体のあることである。なお，平尾台と香春岳の岩体は，断層である小倉－田川構造線によって分断されている。

Ⅱ．植生概況

▶貫山地（平尾台・貫山）

平尾台は山口県の秋芳台と並ぶ，我が国有数のカルスト台地で，その規模は北方の貫山から南西端の竜ヶ鼻まで，長軸約7km，幅約2kmにおよぶ。ここにある広大な羊群原とその中に散在する大小のドリーネやウバーレは独特の景観をつくり出しており，その主要部は1952年に国の天然記念物に指定され，また，福智山などと共に，北九州国定公園に指定されている。貫山地の国定公園の面積は8107haで，320haが特別保護地区，345haが第1種特別地域，1010haが第2種特別地域，6432haが第3種特別地域であり，その他に筑豊県立自然公園に指定された地域があり，自然と動植物が保護されている。

植生の特徴は草原とその周縁部の森林にある。草原は全体としてはススキーネザサ群落であるが，ネザサを欠いていたり，少ない部分があり，それぞれに多少，植生を異にしている。平尾台では毎年早春に行う火入れによって草原が保たれているが，羊群原の中にあって，大きなピナクル（露出した石灰岩）が壁になって山焼の火の入り難い場所や深いドリーネの底や壁面などには，クスノキ科を中心とした樹木が生育し，特殊な群落を形成している。

平尾台の台地の斜面にあたる竜ヶ鼻や塔ヶ峰などは樹木に被われていて，石灰岩地特有のイワシデ群落をはじめ，ケヤキ群落やカヤ群落などが存在する。

平尾台の集落のある新道寺地区はかつての阿蘇火山の新期溶結凝灰岩（八女粘土層）の堆積した所で，石灰岩の影響が少ないために，嫌石灰植物であるシイの

大平山山頂から見た平尾盆地。集落や森がある。右上は香春岳（1996.6.16）

林が存在し注目される。また，中峠から貫山に至る山地は花こう岩からできているために，ここでは嫌石灰植物の代表であるヤマツツジの群落が見られ，また稜線の東側の谷間には，この山から浸出した水が流れて広谷湿地をつくり出し，多くの湿生植物が生育している。

▶福智山地

　福智山地は皿倉山（622.2m）・権現山（617.4m）から南南東に向かって尺岳（608m），福智山（900.8m），牛斬山（580m），香春岳（511m）と続く山並で，福智山がその主峰である。山地は概ね東斜面と西斜面に分れている。東斜面は地形はかなり複雑であるが，傾斜は西斜面に比べて緩やかで，自然林に富み，紫川の支流である吉原川，山神川，合馬川をはじめ，鱒淵貯水池，道原貯水池，河内貯水池などもあって水量も豊富である。山地の植生は山麓部から福智山山頂に向かって，シイ・カシ林，アカガシ林，イヌシデ林，クマイザサまたはススキ草原と標高に応じて変化し，はっきりとした垂直分布が見られる。これに対して西斜面では，尺岳から香春岳に至る山麓部には福智山断層が走っている関係で，稜線から平野部までの距離が短く，傾斜は急で，谷は侵蝕されて深く，谷の出口付近には小さな滝がある。植樹可能な部分はすべてスギ・ヒノキの人工林で，谷川の水量は少ない。

　吉原川の上流部にはすぐれたコナラ林があり，山神川に沿ってはケヤキ林，稜線近くにはまだ若いがアカガシやイヌシデの林がある。鱒淵貯水池から九州自然歩道を福智山へ向かうと鈴ヶ岩屋の下方にすぐれたアカガシ林があり，途中からホッテ谷に向かうと，烏落までの間にコナラ・アカガシ・イヌシデ・シラキ・ヤ

八丁の頂から福智山頂を望む。手前はススキ群落，山頂側はクマイザサ群落 (2000.11.24)

マボウシなど，所によって優占種は代るがすぐれた林が続く。鱒淵貯水池から七重の滝を経由して豊前越に向かうと，七重の滝付近にはツブラジイ・アラカシ・タブノキなどの照葉樹林があり，豊前越から烏落にかけての稜線部はイヌシデ・コハウチワカエデ・ヤマボウシなどの夏緑樹林となる。6月中旬のヤマボウシの開花時，福智山山頂付近からの眺めはすばらしい。豊前越から尺岳に至る稜線部はかつてはアカマツの高木林であったが，アカマツはマツノザイセンチュウ（松喰虫）の食害によりほぼ全滅し，所々にコナラやアカガシの林が見られるにすぎない。直方市の安入寺から尺岳への赤松尾根は勾配の急なことで有名な登山道であるが，一帯はツブラジイやタブノキ林で，上方ではコナラやリョウブの高木が見られる。竜王峡から山瀬越へは人工林と雑木林。内ヶ磯から福智山への道は標高600m付近から上方が自然林で，特に700m以上にすぐれたイヌシデ林が広がる。烏落への道では大塔滝上方に小範囲ではあるが，当山唯一のシオジ群落がある。内ヶ磯から鷹取山（633m）への道では，山頂直前の稜線部にツブラジイとアカガシの勝れた混合林がある。直方市永満寺から田川郡赤池町上野にかけての福智山および鷹取山の山麓部は花こう岩地で，アカマツ林であったが，ここも松喰虫の被害がひどく，松は枯れ，ツブラジイやコナラの林に遷移しつつある。このアカマツ林内の岩場の一部にゲンカイツツジ群落がある。

　福智山地の南部の田川市夏吉，田川郡方城町広谷および弁城岩屋，田川郡香春町採銅所と北九州市小倉南区との境にあたる満干付近の4箇所は石灰岩地である。夏吉地区は通称ロマンスが丘と呼ばれ，石灰岩の露出した所を除いてはネザサ・ススキ草原であり，その他の3箇所は森林となっている。中でも広谷の石灰岩地には香春岳や竜ヶ鼻などと同様のイワシデが生育しており，ほかの2箇所ではイ

ワシデは見られないものの多くの好石灰植物が生育している。広谷は非常に危険な岩場である。

福智山山頂部の標高約800m以上は草原である。西側から南側にかけての標高850m以上はクマイザサ草原，その他の部分はススキ草原となっている。ススキ草原は福智山から牛斬山，牛斬山からロマンスが丘への稜線部にある防火帯に続いている。草刈は年に1度しか行われていないが，これらの場所では山地草原特有の植物が多数生育している。

香春岳

香春岳は福智山地の最南端に位置しているが，福智山に続く牛斬山とは五徳越峠で分断されており，地質的にも全く異なる。山は3つの峰からなり，南から北へ，一ノ岳，二ノ岳（標高468.2m），三ノ岳（511.0m）と並ぶ。

一ノ岳

一ノ岳はかつて標高491.8mの円錐形の山であったが，1935年（昭和10年）以来，日本セメント（現在は香春太平洋セメント）株式会社により採掘が行われており，標高250mまで削りとられている。一ノ岳は1954年までは傾斜面採掘法により南側で採石が行われたが，1955年からは大抗井式階段採掘法，いわゆるベンチカット方式により山頂から平坦に削り取る方式に切りかわった。以来1日約1万トンの生産が行われ，山は日ごとに低くなっている。

かつて一ノ岳の山頂部は比較的平坦で，ネザサ草原の中に石灰岩の大岩が散在し，その中央部に山王権現の祠があった。

一ノ岳の植生に関する古い記録は存在しない。石灰岩の採掘が始まった頃の写真を見ると，南斜面では標高100m付近までは人工林になっているものの，それより上部の岩場はイワシデの低木林，岩の少ない所はネザサ草原で，高木のクロマツが点々と見られるだけの植生になっている。東斜面では石灰岩はもともと破砕された形になっており土壌もあるために樹木が育ちやすく，上方まで樹林になっている。西斜面は大規模な崖地で，「白米落し」や「暗谷」など，歴史的にも，登山史上にも有名な岩壁があり，イワシデ林が広がり，ツゲも生育していたといわれる。

現在，南斜面にはコナラやマダケなどの林，東斜面にはクスノキやアラカシな

一ノ岳の変貌
▲田川市夏吉片辺から見た香春岳(1937.10. 金子健太郎氏撮影)
▶現在の香春岳（2001.12.18）
▼右＝採掘開始3年目の一ノ岳東斜面
　左＝一ノ岳山頂部，ネザサ草原の中に石灰岩がのぞき，山王権現の石祠があった
（1938.2.27. 福嶋一馬氏撮影）

一ノ岳にあったツブラジイ
(1978. 5 .20)

どの高木林、西斜面にはヤブニッケイやビワなどの林があり樹木が繁茂しているが、昭和10年代にはこのような林は存在せず、時代と共に樹木が増加し、植生が変化してきたといえる。

　一ノ岳ではこれまでの石灰岩の採掘により消失した植物が少なくない。一ノ岳の二ノ岳との鞍部に近い標高270m〜320mには石灰岩地としては極めてまれなシイの大木が10本以上あった。シイは嫌石灰植物の代表的なものである。「白米落し」の最上部にあったものは直径が110cmを超す大きなものであった。岩場ではあったが、ほかの地よりも土壌が豊富であったために生育していたものであろう。いずれも昭和40年代までに消滅した。さらに県内ではごく分布の限られた希少種のミヤマトベラとモロコシソウの自生地もシイ群落の近くにあってすでに消滅した。また、東斜面にある県指定天然記念物であるバクチノキも間もなく伐採されることになり、採石による影響は大きい。

二ノ岳

　二ノ岳の北側の山上部は台地状の平原で二ノ岳草原と呼ばれ、露岩はほとんどなく、ネザサ草原になっている。草原の東斜面はアラカシ林、西側は若いイワシデ林で下部にはセメント会社の二ノ岳山頂に通じる道路がある。二ノ岳の南側半分は尾根が南北に伸びており、馬の背状で、東側は急斜面で上部はアラカシ林、下部は人工林とマダケやモウソウチクの林、西側は崖地で優れたイワシデ林、下部には人工林がある。また、山頂部にはウラジロガシ林がある。

三ノ岳

　三ノ岳は円錐形の山で、山頂部の東側にはピナクルの発達した部分とネザサ草

原があり，その他の部分は森林になっている。南から西にかけての斜面は露岩が著しくイワシデ林，東から北にかけては一部にシイ林がある他はアラカシ・ムクノキ・エノキ・ヤマザクラなどの雑木林が広がり，山麓部にはモウソウチクの林が多い。

［付］香春岳のニホンザル

　香春岳には昔から1群約50頭のニホンザルが生息してきた。サルが香春岳にどうして生息しているかの理由の1つは，この山に十分な食べ物があること。サルは昆虫の成虫や幼虫などの小動物も食べるが，主食は植物で，草や木の葉や芽を中心に，季節により茎や果実，時には根も食べる。香春岳にはシダ植物以上の維管束植物は約1200種あり，周辺の同じ程度の面積の山と比べると，おそらく2倍くらい多い。しかも，サルの好んで食べる種類の植物の量が豊富なことにある。

　次の理由は外敵から群を守ることのできる自然環境があること。サルの外敵は何といっても猟師と猟犬である。香春岳は非常に険しい山で，いたる所に崖があり，特に西側は断崖の連続で，そこに逃げ込めば何ものも近づくことが出来ない。また斜面は東西に分れているので，冬の北西の季節風が強く大雪の降るような時には東側の斜面に，台風の時などには西側の崖に避難して過ごす。

　昭和30年代，採石の方法をベンチカット方式に切りかえるための道路工事や一ノ岳山頂部の表土をはがす工事などが行われると，サルは居場所を失って山麓に出没するようになり，農作物・果樹を中心とした猿害が表面化してきた。野生動物はサルに限らず，食物が豊富になると出生率が高くなるもので，1965年には約90頭まで増加した。そこで香春町は1966年4月に28頭を捕獲した。しかし，その後も増え続け，1973年には102頭に達した。そのため，1974年にさらに53頭を捕獲した。捕獲の結果，1981年には15頭にまで減少したことがあるが，再び増え続け，現在は約70頭に達している。

　香春町は猿害を少なくするために，サルにテレメーターをつけて行動をとらえ，巡視員を置いて山から下りて来たサルを追い上げたり，畑に電気柵を設置したりしている。また，数を増やさないために，サルのよく出没する神宮院では餌を与えないように指導するなどしている。このような施策の効果で，一時期，人慣れして人の手から餌をもらうまでになっていたサルであるが，今ではかなり野性に戻り，人をこわがり，人にあまり近づかなくなってきている。したがって，写真

を撮ることは困難であるので，グラビアには10年くらい前のものをあげた。
　現在のサルの行動範囲は概ね香春岳に限られているが，時には香春岳を離れて田川市夏吉の岩屋地区や香春町採銅所まで遊動している。

III．植物群落

当山域の植生は次のようなものである。
　石灰岩地の森林植生
　　1．イワシデ群落
　　2．アラカシ群落
　　3．ヤブニッケイ群落
　その他の森林植生
　　1．ケヤキ群落　　2．アカガシ群落　　3．イヌシデ・アカシデ群落
　　4．アカマツ群落　　5．ゲンカイツツジ群落　　6．エドヒガン
　草原の植生
　　1．ススキ－ネザサ群落　　2．クマイザサ群落

▶石灰岩地の森林植生

イワシデ群落

■イワシデ

　石灰岩地の岩角地や露岩地は植物の生育にとっては最もきびしい環境であるが，イワシデはそのような所に生育する。夏緑樹で，岩上や岩隙の乾燥した貧栄養の地に生えるため，普通は高さ3～4mまでの低木で幹は叢生している。しかし，岩が少なく，土壌の厚い所では単生し，高さは6mを超えることがある。

■イワシデ林の分布

　平尾台の竜ヶ鼻，塔ヶ峰の西斜面，大穴の東側内壁上部と西側外壁断崖部分，塔ヶ峰の西方にある小峰，香春岳の二ノ岳の西壁（県下最大），三ノ岳の南側から北西側にかけての斜面，方城町広谷の竜ヶ鼻。その他イワシデ林というほどのものではないが，平尾台の小穴の南壁，貝殻山の西壁，千仏不動滝絶壁上部，竜ヶ鼻台の西側斜面などにも生育している。しかし，田川市夏吉，方城町弁城，香春町採銅所両界権現などの石灰岩地には生育していない。

香春岳二ノ岳のイワシデ林
(1998.8.4)

■我が国のイワシデ林

我が国のイワシデ林の植生は次のように分類されている。

イブキシモツケ－イワシデ群団

・イワツクバネウツギ－イワシデ群集（中山1965）

この群集は石灰岩地にある。

（a）チョウジガマズミ亜群集

中国地方の阿哲地域（新見，阿哲，川上，帝釈）

（b）ホソバシュロソウ亜群集

四国地方（高知県の石立山周辺，鳥形山，黒滝山などの標高850－900m）

（c）シロバナハンショウヅル亜群集

福岡県の香春岳，平尾台，熊本県の葦北町銅山および四国地方の低山地

・ツシマンネングサ－イワシデ群集（宮脇1981）

この群集は石英斑岩や凝灰角礫岩などの非石灰岩地にある。

（a）チョウセンヤマツツジ亜群集

対馬の白岳

（b）イワガサ亜群集（トベラ亜群集）

平戸，島原半島岩戸山，大分県耶馬溪および国東半島，小豆島

以上のように当山域のイワシデ林はすべてイブキシモツケ－イワシデ群団に属し，イワツクバネウツギ－イワシデ群集の中のシロバナハンショウヅル亜群集にまとめられる。

資料・解説 207

■イワシデ林の構成種

当山域のイワシデ林は次のような種類の植物によって特徴づけられる（宮脇1981による）。

群団標徴種および区分種

　イワシデ，イブキシモツケ，コマユミ（オオコマユミ・ニシキギ），フユザンショウ，マルバアオダモ

群集標徴種および亜群集区分種

　イワツクバネウツギ，シロバナハンショウヅル，ヤマブキ，チョウジガマズミ，バイカウツギ，ヤブニッケイ，イタビカズラ，ツタ，ヤマシロギク，ヤマカモジグサ

その他の伴生種

　キビノクロウメモドキ，ネズミモチ，アサマツゲ，トベラ，イヌビワ，カゴノキ，シロダモ，クスドイゲ，ウラジロガシ，ニガキ，コバノチョウセンエノキ，サンショウ，テイカカズラ，シマカンギク，コメガヤ，ホソバヒカゲスゲ，シュンラン，ヤブラン，チヂミザサなど。

表1に当山域のイワシデ林の組成をあげる。典型的なイワシデ林ではイワシデに次いでコマユミの優占度が高く，さらにイワツクバネウツギ，ヤマブキ，ヤブニッケイ，ネズミモチ，マルバアオダモ，イブキシモツケ，トベラ，クスドイゲなどの低木の被度が高い。また，常在度の高い植物に，バイカウツギ，チョウジガマズミ，ツタ，コバノチョウセンエノキ，ハマクサギ，ナワシログミ，カゴノキ，シロダモ，ニガキ，サンショウ，イヌガヤ，ツルマサキなどの木本植物，ヤマシロギク，ヤマカモジグサ，シマカンギク，シュンラン，ヤブラン，ヘクソカズラ，コメガヤ，ヤマハッカなどの草本植物がある。しかし，ヤブニッケイ，シロダモは平尾台に多く，クスドイゲ，カゴノキ，ニガキ，ツルマサキ，コメガヤ，ヤマハッカ，ノコンギクなどは香春岳に多いなど山地により多少の違いがある。

イワシデは他の要素の植物と一緒になって群落を形成する場合がある。香春岳の三ノ岳の南西斜面の上部および竜ヶ鼻の南西斜面上部ではイスノキと混生して，イワシデーイスノキ群落を形成している。イスノキは一般に岩角地によく現れる樹木であり，かつては福智山地の岩場にも沢山あったといわれ，これらは冬期に山で燃やして木灰とし，上野焼で釉薬として使用された。そのため現在大径木は残っていない。

イワシデ-イスノキ群落ではイワシデ，イスノキのほかに，コマユミ，ハマクサギ，オオハンゲ，サンショウ，カゴノキ，ネズミモチ，イヌマキ，ウラジロガシ，カヤ，シロダモ，ヤブツバキなどの被度や常在度が高くなっている。

竜ヶ鼻の南東部にはイワシデ-アカガシ群落があり，ここではイワシデは単生し，高さ8m以上になっているものがある。しかし，イワシデはあまり高木にはなれないので，いずれはアカガシ林に遷移するはずである。香春岳の三ノ岳にもアカガシがあるが，まだ，イワシデ-アカガシ群落と呼ぶには範囲が狭い。

アラカシ群落

アラカシ林はイワシデ林ほどではないが，石灰岩地と結びつきの強い林と考えられている。中でも熊本県や大分県にすぐれた林があるといわれている。当山域では香春岳の東斜面と苅田町の内尾薬師に見られる。

これらの石灰岩地のアラカシ林は中山（1966）により，アラカシ，ナンテン，ビワ，トベラ，ヒメカナワラビを標徴種とする，ナンテン-アラカシ群集とされた。その後，宮脇（1981）はこれを，ヤマヤブソテツ，サンショウ，コショウノキ，エノキによって区分される，ヤマヤブソテツ-タブ群落とした。

香春岳のアラカシ林のある所は急傾斜地ではあるがイワシデ部分に比べて露岩が少なくなっている。二ノ岳のアラカシ林は太平洋戦争の末期に軍の命令で伐採して木炭にした経緯があり，二次林である。したがって樹木は約60年と若く，樹木の密度は高い。第一層は高さ9-15mのアラカシで林内にはヤブツバキ，タブノキ，ヒサカキ，シロダモ，ヤブニッケイ，テイカカズラ，ビナンカズラなどのヤブツバキクラスの標徴種が常在的で，ヒメユズリハ，ヤブコウジ，ヤブラン，イタビカズラ，キヅタ，ジャノヒゲ，ベニシダなどのスダジイ群団の標徴種も見られる。しかし，スダジイやツブラジイなどのシイ類は嫌石灰植物であるために全く存在しない。

高木層や亜高木層の植被率が比較的高いために石灰岩地指標植物の量は多くないが，種類としては，クスドイゲ，オニシバリ，カヤ，バイカウツギ，カラタチ，キビノクロウメモドキ，サンショウ，コショウノキ，ミツバベンケイソウ，シロバナハンショウヅルなどが生育する。アラカシ林の上部の稜線に近い所ではケヤキ，ムクノキ，エノキ，ウリハダカエデ，ニガキ，ハマクサギ，ムクロジなどの夏緑樹が増え，イワシデも現れる。また，アラカシ林内にはオオツヅラフジ，ヤ

■表1　イワシデ林の植物組成表

種類	調査地	1	2	3	4	5	6
イワツクバネウツギ－イワシデ群集							
シロバナハンショウヅル亜群集							
標徴種・区分種							
シロバナハンショウヅル	S H	V	V	V	・	+	+
イワツクバネウツギ	S H	Ⅲ	Ⅲ	Ⅱ	Ⅳ	2	+
バイカウツギ	S H	Ⅳ	Ⅳ	Ⅱ	V	・	+
ツタ	H	Ⅳ	V	Ⅱ	Ⅲ	+	+
ヤブニッケイ	T' S H	Ⅲ	V	V	Ⅰ	2	+
イタビカズラ	S H	Ⅱ	Ⅱ	Ⅰ	Ⅳ	+	・
ヤマシロギク	H	Ⅰ	Ⅳ	・	Ⅲ	+	+
チョウジガマズミ	S H	V	Ⅰ	Ⅲ	・	+	+
ホソバヒカゲスゲ	H	・	・	V	Ⅳ	5	5
ヤマブキ	H	V	Ⅲ	・	・	3	・
ヤマカモジグサ	H	Ⅱ	V	・	Ⅱ	+	・
群団標徴種・区分種							
イワシデ	T' S H	V	V	V	V	4	4
コマユミ	S H	V	V	V	V	3	3
イブキシモッケ	H	V	Ⅳ	Ⅳ	Ⅲ	+	+
マルバアオダモ	S H	Ⅳ	Ⅰ	Ⅳ	Ⅱ	1	・
フユザンショウ	S H	Ⅰ	・	Ⅱ	Ⅱ	+	・
好石灰植物							
コバノチョウセンエノキ	T' S H	Ⅱ	Ⅱ	Ⅱ	Ⅱ	1	2
キビノクロウメモドキ	S H	Ⅱ	Ⅲ	Ⅳ	Ⅲ	+	+
クスドイゲ	S H	Ⅱ	Ⅰ	Ⅰ	Ⅲ	+	+
サンショウ	S H	Ⅱ	Ⅱ	Ⅱ	Ⅱ	+	+
コショウノキ	H	Ⅰ	Ⅱ	Ⅰ	Ⅱ	+	+
ホウライカズラ	S H	Ⅲ	Ⅳ	・	Ⅰ	+	+
オニシバリ	H	・	・	Ⅰ	・	+	+
バイカイカリソウ	H	Ⅰ	・	Ⅰ	Ⅱ	・	・
ビロードシダ	H	Ⅰ	・	Ⅰ	Ⅰ	・	・
ビワ	S H	Ⅱ	・	・	・	+	・
ヤマカシュウ	H	・	V	・	・	・	+
ツルデンダ	H	Ⅰ	・	・	・	+	・
メギ	H	Ⅱ	Ⅰ	・	・	・	・
アサマツゲ	H	Ⅱ	・	・	・	・	・
コメガヤ	H	Ⅱ	Ⅰ	・	・	・	・

調査地

1	二ノ岳西斜面	調査8箇所	標高240～440m
2	二ノ岳北鞍部	調査5箇所	標高320～330m
3	竜ヶ鼻	調査5箇所	標高500～580m
4	方城町広谷	調査5箇所	標高420～447m
5	塔ヶ峰	調査1箇所	標高510m
6	塔ヶ峰（大穴の縁）	調査1箇所	標高530m

種類	調査地	1	2	3	4	5	6
おもな伴生種							
カゴノキ	T'S H	V	IV	V	III	+	1
ネズミモチ	S H	V	IV	V	V	+	1
ウラジロガシ	T'S H	II	I	V	I	2	+
イヌビワ	S H	I	IV	II	II	+	+
テイカカズラ	h	IV	V	IV	IV	+	+
ヘクソカズラ	H	III	V	IV	IV	+	+
シュンラン	H	II	IV	III	III	+	+
シロダモ	S H	II	IV	II	II	+	+
ジャノヒゲ	H	I	I	V	II	+	+
ヤマコウバシ	S H	I	IV	III	I	+	+
ハマクサギ	S H	II	III	I	II	・	+
シマカンギク	H	IV	V	IV	IV	・	+
ヤブラン	H	IV	V	I	I	+	・
ヤマハッカ	H	V	IV	IV	・	+	・
ヤクシソウ	H	I	III	I	I	・	+
エノキ	S H	I	V	II	III	+	・
ヤマイバラ	S H	I	・	I	I	+	・
ヌルデ	S H	・	I	I	II	+	・
トベラ	S H	V	IV	+	V	・	+
ニガキ	T'S H	III	IV	・	II	・	+
ヤマヤブソテツ	H	I	II	I	I	・	・
ヤブツバキ	S H	I	II	I	I	・	・
アカメガシワ	T'S H	I	III	・	I	・	+
ヒトリシズカ	H	・	II	II	I	・	・
イヌガヤ	S H	I	・	・	I	+	・
イボタノキ	H	・	I	I	I	・	・
サルトリイバラ	H	III	I	・	・	・	・
コツクバネウツギ	H	III	IV	・	・	・	・
ミヤマウグイスカグラ	H	IV	IV	・	・	・	・
アキカラマツ	H	IV	IV	・	・	・	・
フユヅタ	H	I	V	・	・	+	・
(以下省略)							

1～4は常在度で示す
5と6は被度で示す

常在度	
V	：80～100%
IV	：60～80%
III	：40～60%
II	：20～40%
I	：1～20%

被度階級	
5	：1～3/4
4	：3/4～2/4
3	：2/4～1/4
2	：1/4～1/20
1	：1/20以下
+	：僅少

T'	亜高木層 植物高6～3m
S	低木層 植物高3～1m
H	草木層 植物高1m以下

マンジ，ムベ，ツルウメモドキ，ヤマイバラ，キダチニンドウ，テイカカズラ，キヅタ，ツルマサキなどの蔓性または半蔓性の植物が多くあり，樹冠にまで達している。

　ナンテン－アラカシ群集は石灰岩地における極盛相であるとの見方がある。しかし，一ノ岳では高木層の第一層がクスノキ，第二層がアラカシの林分があり，二ノ岳ではケヤキ，エノキ，ムクノキなどが見られることからすると，アラカシ林が極盛相であるかどうかは疑問である。一ノ岳や内尾薬師のアラカシ林にはバクチノキが生育する。

ヤブニッケイ群落

　平尾台にはドリーネ内や羊群原の所々に小さな照葉樹林がある。これらの林は，ヤブニッケイ，タブノキ，シロダモなどのクスノキ科の樹木を優占種とし，シイ類やカシ類のような堅果性の種子をつける樹木を欠いているのが特徴であり，他の常緑広葉樹林とはヤマヤブソテツ，サンショウ，コショウノキ，エノキなどの存在によって区分される林である。これらの林はまず，須股（1973）により，ドリーネという特殊な地形や屏風状の石灰岩が山焼の際，防火壁となって延焼をくい止めるような所に形成されたものとして，ヤマヤブソテツ－ヤブニッケイ群集とされた。しかし，その後，宮脇（1981）は石灰岩地のもう１つの常緑広葉樹林である，ナンテン－アラカシ群集と合わせて，ヤマヤブソテツ－タブ群落とした。

　平尾台のこれらに該当する数箇所の林を総合すると，高木層はヤブニッケイとタブノキが優占種で，すでにタブノキが第一層，ヤブニッケイが第二層になっている所があり，両者が混生すればタブノキの生長の方が勝ると思われる。カヤが第一層にあるドリーネもある。高木層といえども樹木はまだどれも若く，多くは高さ10mくらいのものである。

　高木層，亜高木層には，タブノキ，ヤブニッケイ，シロダモのほかに，イヌガヤ，エノキ，ムクノキ，チシャノキ，コバノチョウセンエノキ，イロハモミジ，イヌビワ，ネズミモチなど，低木層では，アオキ，ヒメウツギ，ナワシログミ，ツルマサキなど，草本層では，ヤマヤブソテツ，ジャノヒゲ，マメヅタ，テイカカズラ，ヤマアイ，コアカソ，イワガラミ，ヤブランなどが高頻度に出現する。石灰岩地ゆえに，オニシバリ，サンショウ，コショウノキ，ヤマブキ，スズシロソウ，ツルデンダなどの好石灰植物もよく現れる。

▶その他の森林植生

ケヤキ群落

分布：山神川上流域（北九州市小倉南区頂吉），竜ヶ鼻（香春町）

　ケヤキ林は福智山では山神川渓谷の斜面に，竜ヶ鼻では中腹の転石の多い谷間にある。面積の広いのは福智山で，山神川沿いに谷間に入ると，はじめ斜面上部に現れ，谷を奥に進むにつれて下がってくる。それはケヤキが標高400－500mに帯状に分布しているためである。福智山の稜線への登山道が林道から分かれて間もなくケヤキ林に入る。標高400m付近では，ケヤキは胸高直径60－120cmで，樹高は30mに達し，道をはさんだ100×100mの範囲には大径木が34本もある。ケヤキの樹下にはヤブニッケイ，タブノキ，イロハモミジ，ヤブツバキ，イヌガヤ，カヤなどの高木ないし亜高木が生育しているが，ケヤキ以外には大径木はなく，樹下には炭焼窯跡のあるところからすれば，ケヤキは伐採せずに残されたものであることがわかる。亜高木層の優占種はヤブニッケイ，低木層はアオキである。標高が低いので，ほとんどがヤブツバキクラスの植物である。

　竜ヶ鼻のケヤキ林はV字形の谷間の，大古より上部の岩壁から崩壊して落ちてきた石灰岩が堆積した所に成立している。ケヤキは岩と岩の間に生えており，胸高直径は50－70cmで，樹高は25mに達する。高木層にはほかにムクノキ，エノキ，イロハモミジなどがある。ケヤキよりもムクノキやエノキの方が多い部分もある。亜高木層は発達せず，イヌガヤ，ネズミモチ，ウラジロガシ，カゴノキなどがまばらにある所が多い。石灰岩地であるために低木層や草本層には好石灰植物がある。ヒメウツギ，バイカウツギ，ヤマブキ，スズシロソウ，コショウノキ，ヤマカシュウ，ミツバベンケイソウ，ミヤマイラクサ，ミヤコミズなどである。

アカガシ群落

分布：福智山（北九州市小倉南区），権現山（北九州市八幡東区），竜ヶ鼻（香春町），鷹取山（直方市）

　福岡県ではアカガシ群落は照葉樹林帯の上部に形成される。スダジイやツブラジイが標高が高くなるにつれて減少するのに対し，アカガシは逆に増加し，標高500－750mに分布の中心がある。夏緑樹林帯に入ると減少するが，英彦山地の南斜面では標高1100m以上にまで分布している所がある。福智山地では東斜面の稜

鷹取山のアカガシ林
(1999.5.6)

線やそれに近い標高550-800mに帯状に広く分布し、山瀬付近や鈴ヶ岩屋の下部などに優れた林がある。

　鈴ヶ岩屋下部の九州自然歩道沿いの標高700m付近では15×15mの範囲に胸高直径20-45cm、樹高約20mの高木は10本平均あり、よく茂っている。高木層や亜高木層にはイヌシデ、コハウチワカエデ、ウラジロノキ、シラキ、シキミ、ヤマボウシ、ヤブツバキ、タンナサワフタギ、ウリハダカエデなどがあり、低木層にはハイノキ、ヒサカキ、シロダモなど、草本層にはツルシキミとコガクウツギが多く、ほかに、タイリンアオイ、キッコウハグマ、アカショウマ、クモキリソウ、テイカカズラ、キヅタ、キジノオシダ、シシガシラ、トウゲシバなどがある。

　権現山から北西側の帆柱山へのびる小尾根付近には、標高が430-490mと低いにもかかわらずアカガシ林が存在する。樹木の多くは直径30-40cmであるが、高木層にはアカガシに混じってスダジイ、タブノキ、ホソバタブ、シロダモ、ヤブニッケイなどがあり、所によってはイヌシデ、クマノミズキ、ヤマザクラなどの夏緑樹が混じる。亜高木層や低木層は高木層の樹木の幼木のほかヤブツバキ、シキミ、アオキ、ネズミモチ、ヒサカキなどがおもなものである。

　竜ヶ鼻では香春町と勝山町の境界線上の標高550m付近にある。高木層ではアカガシに次いでタブノキとケヤキの被度が高く、ほかにカゴノキ、イヌシデなどがある。亜高木層ではヤブツバキとネズミモチが優占し、イヌガシ、カヤ、シラキ、ヤマボウシ、サンゴジュ、ヤブニッケイなど、低木層にはアオキ、ホソバタブ、ネズミモチなど、草本層には上層木の幼木のほかにウンゼンカンアオイなど約20種が見られるが、好石灰植物はバイカウツギ、コショウノキ、オニシバリが出現する程度である。

　鷹取山の北側の稜線部の標高450-550mでは、アカガシにタブノキとツブラジ

イが混じっている。高木層の密度が高く，先の種類のほかにイヌシデ，クロキ，ウラジロガシ，シラカシ，ヤブニッケイなどがあり，亜高木層では優占種はヤブツバキで，ほかにヤブニッケイ，カゴノキ，ネズミモチなど，低木層にはアオキ，ヒサカキなど，草本層では上層木の幼木のほか，ツルシキミ，ジャノヒゲ，ギンリョウソウなどが見られる。

　アカガシ林はアカガシ－シラカシ群団のミヤマシキミ－アカガシ群集に属し，アカガシをはじめ，ハイノキ，シキミ，カヤ，ホソバタブ，キッコウハグマ，キジノオシダなどを群団標徴種に，ヤブツバキ，ヤブニッケイ，タブノキ，ヒサカキ，ネズミモチ，シロダモ，テイカカズラ，キヅタ，イヌガシ，クロキ，カゴノキなどのヤブツバキクラスの植物を伴っている。

イヌシデ－アカシデ群落

　分布：福智山（北九州市小倉南区，直方市）

　イヌシデ－アカシデ林は福岡県では夏緑樹林帯下部にあって，樹木は昔から薪炭材として度々伐採されてきたので大径木の林はほとんど存在しない。

　福智山では山頂に近い北側から西側にかけての標高650－830mの広い地域，即ち烏落から豊前越にかけての比較的平坦な地域と烏落から筑豊新道にかけての範囲に中心がある。また，山頂から南側にのびた稜線の束側斜面上部にも見られる。

　イヌシデ－アカシデ群落はリョウブ，イヌシデ，アカシデ，ヤマボウシ，カナクギノキを群落識別種とし，標高の高い所にあるので，ブナクラスの植物を中心にタンナサワフタギ，コハウチワカエデ，クマシデ，シラキ，アカガシ，コバノミツバツツジ，エゴノキ，コガクウツギ，ジュウモンジシダ，シシガシラなどを伴う。

　筑豊新道の上部の標高800m付近では，イヌシデは高さ約15mで，10×10mの範囲に平均12本あって密度が高く，ほかに高木層と亜高木層にはクマシデ，リョウブ，カナクギノキ，コハウチワカエデ，エゴノキ，シキミ，シラキ，ミズメ，ヤマボウシなどがあり，低木層にはコバノミツバツツジ，ウツギ，シロダモ，ネズミモチなど，草本層にはキバナアキギリが優占種で，ほかにコアカソ，コガクウツギ，オタカラコウ，ナガバモミジイチゴ，ジュウモンジシダ，モミジガサ，ナツトウダイ，トチバニンジン，ハシリドコロ，ダイコンソウ，ツルアジサイ，ヤマルリソウ，アカショウマ，フタリシズカ，ハンカイソウ，アキチョウジ，ジン

ジソウ，シシガシラなど30種以上が生育している。

　烏落より北方のイヌシデ林内ではヤマボウシの密度が高く，6月の開花期には福智山の山頂部から見ると一帯が白く見えるほどである。また，アカシデは南方の尾根近くに多く出現する。

アカマツ群落

　福智山の南西山麓の赤池町の上野峡を中心とする，直方市永満寺から赤池町上野堀田までの花こう岩地帯では，所々に大岩が露出しており，アカマツ林になっている。かつて，上野峡一帯には優れた林が存在し，炭鉱の坑木や建材として切り出されたりしたが，ここ30年くらいの間に，その多くはマツノザイセンチュウ（松喰虫）の食害にあって枯れ込み，コナラやシイ・カシを中心とした林に遷移しつつある。今では樹齢50年以上の大径木はほとんど見られなくなり，樹齢30年以下の木にまで枯れが進行している。

　アカマツ林はコバノミツバツツジを標徴種とするコバノミツバツツジーアカマツ群集で，ヤマツツジ，ネジキ，リョウブ，コナラ，ウラジロノキ，ヤマザクラ，コシアブラ，タカノツメ，カマツカ，マルバアオダモ，クヌギ，イヌシデ，コバノガマズミ，エゴノキ，コガクウツギ，クリなどのブナクラスの樹木のほかに，ヤブツバキ，ネズミモチ，ヒサカキ，ヤブコウジ，スダジイ，ツブラジイ，ヤマモモ，ソヨゴ，アラカシなどのヤブツバキクラスの樹木を常在的に有し，さらに，ヤマハゼ，ヌルデ，アカメガシワ，シャシャンボ，ススキ，ワラビ，ウラジロ，コシダ，ツタなどを伴っているのが特徴である。

　上野峡の日当りのよい南向きの岩場，標高270mでは第1層に高さ10－20mのアカマツがあり，第2層以下ではソヨゴが優占し，ほかに，コナラ，ヤマザクラ，ヤマハゼ，リョウブ，ネジキ，コバノミツバツツジ，ヤマツツジ，タカノツメ，マルバアオダモ，ヒサカキ，ネズミモチ，クロキ，シャシャンボなどがあり，草本層はウラジロとコシダに覆われている。

ゲンカイツツジ群落

　福岡県下では英彦山地の随所に存在する岩場に群落があり，宝珠山村の岩屋神社では県の天然記念物に指定されている。

　上野峡では白糸の滝の標高250mから東方の標高470mにある巨岩付近まで，徐

々に高度を上げながら約500mにわたって，花こう岩の崖地に散在している。

標高470m付近の崖地は高さ約6mのアカマツ林で，その樹下に多数のゲンカイツツジが生育している。ゲンカイツツジの多くは幹が叢生しており，時に高さは2mに及ぶ。群落内には低木のソヨゴ，ヤブツバキ，カマツカ，ヤマハゼ，リョウブなどがあり，草本層にはヤマツツジ，コナラ，ヒサカキ，ヌルデ，アラカシ，シャシャンボ，ススキが，また岩上にはテイカカズラ，ヒトツバ，ノキシノブなどが生育している。

エドヒガン

エドヒガンは珍しい桜で『福岡県植物目録』(1952)には古処山，釈迦岳，三国山の記録があるが，現状不明である。全国で天然記念物に指定されている桜のほとんどがこの種のもので，寿命が長く1000年以上のものがある。

福智山地ではじめてエドヒガンが確認されたのは1990年である。桜の巨木のあることは古くから知られていたが，ヤマザクラと思われていた。この桜は通称「虎尾桜」で，福智山の中腹，上野峡の標高400mにあって，樹齢約600年，標高17m，胸高周囲380cmの巨木であることから現在，赤池町の天然記念物に指定されている。腐朽がはげしいので，地元の「虎尾桜を心配する世話人会」により手入れが続けられている。2001年には「ＫＢＣ水と緑のキャンペーン」より治療木に選ばれ，福岡県樹木医会の宇佐見暘一氏により治療が行われた。エドヒガンは隔年にしか開花しないが，開花年には数千の人々が見物に訪れている。

エドヒガンの花。小さな花がたくさんつく(2001.4.3)

1994年には標高480mに周囲187cmと170cmの2本の大木が発見された。1本はソメイヨシノと同色、もう1本は虎尾桜より濃色の花をつけ、2本が接近してあることから一緒にして「源平桜」と称している。これらのほかに福智山登山道の上野越までの範囲に大小約10本が確認されている。

　1996年には虎尾桜などのある上野の谷から東に一山越えた方城町にエドヒガンのあることがわかり調査したところ、方城町弁城の岩屋および奥ヶ畑の標高270mから480m.の間に胸高周囲190cmを最高に二十数本もの多数が存在していることがわかった。方城町の山はほとんどが人工林で、地形地質上、植林のできない所だけに自然木が生育している。そのためにエドヒガンも散在して見られる。エドヒガンは、また頂吉の吉原林道でも数本確認されている。このように福智山地は九州でも屈指のエドヒガンの生育地といえる。

▶草原の植生

ススキーネザサ群落

　石灰岩地である平尾台、香春岳の二ノ岳と三ノ岳の山上部、田川市夏吉のロマンスが丘などの草原にはネザサがあって、ススキーネザサ群落に、非石灰岩地の福智山の山頂部一帯、福智山から牛斬山に至る稜線部の防火帯、牛斬山からロマンスが丘への防火帯などにはネザサがないか、あっても少なくてススキ群落となっている。

　平尾台は面積が広くて、様々な環境部分があるために、鈴木（1973）ではススキートダシバ群集とヒメアブラススキーアオスゲ群集に、前者はさらに、典型亜群集、ノヒメユリ亜群集、ススキ・ファシース、ネザサ・ファシースに分けられている。

　『福岡県植物誌』（1975）ではススキ・ネザサ群集とネザサを欠いたススキ群落に分け、前者をヒメアブラススキ亜群集と典型亜群集に区分している。

　宮脇（1981）は平尾台、田川市ロマンスが丘、香春岳に、山口県の秋芳台も含めて、石灰岩地の草原植生をミシマサイコーススキ群集とし、阿蘇山や九重山などの九州中央部の火山灰地の草原をネザサーススキ群集としている。この分類によると、当山域の草原植生は石灰岩地のミシマサイコーススキ群集と非石灰岩地のススキ群落に分けられることになる。

■ミシマサイコ-ススキ群集

分布：平尾台，田川市ロマンスが丘，香春岳の二ノ岳，三ノ岳。

ススキクラス・ススキオーダー標徴種
　　ススキ，ヒメハギ，シバスゲ，リンドウ，アリノトウグサ，ミツバツチグリ，ニガナ，ノアザミ

ススキ-トダシバ群団標徴種
　　トダシバ，シラヤマギク，アキノキリンソウ，オカトラノオ，オミナエシ，ヒカゲスゲ，オトコヨモギ，ワラビ，サワヒヨドリ，サイヨウシャジン，メドハギ，マルバハギ，カワラナデシコ

群集標徴種・識別種
　　ミシマサイコ，ヒメアブラススキ，ツチグリ，ヒメヒゴタイ

ネザサ-ススキ群集との共通種
　　ネザサ，チガヤ，アオツヅラフジ，メガルカヤ

その他の伴生種（常在度の高い種類）
　　サルトリイバラ，ヤマハッカ，センボンヤリ，アキカラマツ，ヤマジノギク，ヒメヨモギ，ハバヤマボクチ，アキグミ，ヨモギ，タチツボスミレ，スミレ，キジムシロ，コウゾリナ，オトコヨモギなど。

　以上が当山域の草原で普通に見られる種類である。ミシマサイコ-ススキ群集とススキ群落との植物の差はネザサがあるかないかの程度で，あとは同じと考えてよい。

　平尾台や香春岳の三ノ岳などのピナクルの散在する所にはヤブレガサがあり，ヒメアブラススキはドリーネの縁や尾根筋などの乾燥した所に多い。

■ネザサの枯死

　タケやササの仲間は一般に40－50年に1度一斉に枯れるといわれている。筆者の記録では福岡県北部のネザサは1970年（昭和45年）に枯れ，次いで1987年から次の年にかけて枯れた。間隔は約17年であった。

　タケ・ササ類の開花，枯死は広い範囲で一斉に起こる。1970年のネザサに関する県全体の記録は持ち合せてないが，少なくとも香春岳，田川市ロマンスが丘，英彦山の鷹巣原スキー場などで枯れた。1987年では全県下のネザサが枯れ，秋芳台でも枯れたといわれている。どうして広い地域に散在しているネザサが一斉に枯れるのか，その原因はつかめていない。

三ノ岳草原での植物変遷（左＝1984.6.17，右＝2001.5.15）

　ネザサは枯れる前年に開花して多数の果実をつける。山の斜面などで地下茎が露出している所ではそれにも小枝を出して開花結実する。種子は真白なでんぷんを一杯に含んだ大きな粒である。結実すると本体は枯れてしまい，種子から再生される。

■ネザサ草原の遷移

　1987年のネザサの枯死は香春岳や田川市ロマンスが丘などの草刈りや山焼の行われない草原では植生の遷移に重大な変化をもたらした。普通，ネザサは密生していて，草丈は時に2mを超える。そのような中では他の植物は種子が落葉のために土まで届かないとか，発芽しても光線不足のために生育できず，ネザサ草原が保たれる。ところが，ネザサが枯れてしまうと，発芽，生育に必要な条件が整うために多くの種類の木本植物や草本植物が生育してくる。ネザサは発芽して再び以前のようなネザサ草原になるためには最低4年を要するために，その間に侵入した植物，特に木本は大きく成長することになる。特に香春岳では樹木の侵入により一挙に森林化が進むことになった。平尾台ではたとえ樹木が侵入しても毎年山焼が行われているために，発芽した幼木は焼けてしまい生長することはなく，草原が保たれる。

　2枚の写真は1984年（昭和59年）と2001年（平成13年）に三ノ岳山頂部から三ノ岳草原を写したものである。1987年のネザサの枯死以来，15年あまりでいかに森林化が進行したかがわかると思う。

　草原は山焼や草刈など人為的な行為によってのみ保たれるものであり，放置すれば直ぐに森林に向かって遷移するものである。

　香春岳で見ると，森林化への先駆的な樹木の代表はカラスザンショウ，アカメガシワ，ヌルデ，ヤマハゼで，ほかにエノキ，ネムノキ，ウリハダカエデ，ヤマ

ザクラ，クマノミズキ，アキグミ，ガマズミ，イヌザンショウ，ノイバラなどの夏緑樹とシロダモ，タブノキ，ネズミモチ，ナワシログミ，イヌツゲなどの照葉樹，ヤマフジ，ツルウメモドキ，アケビ，ムベ，スイカズラなどの木本蔓性植物がある。中でもカラスザンショウは生長が非常に早いうえ数も多く，すでに直径20cm，高さ10mに達するものがある。

侵入した樹木のほとんどは野鳥が種子を散布したものである。

クマイザサ群落

クマイザサはチシマザサ系のササで，英彦山，犬ヶ岳，脊振山などの稜線部にあって，ブナの林床を埋めているが，福智山では山頂部の西斜面の標高860-900mにあって草原を形成している。クマイザサは英彦山のような樹下にあるものは高さが2mを超えるが，草原では窪地でも70-130cmで，普通は30-60cmとなっている。

群落の中には，これが密生しているために草本類はほとんど生えず，高さ2mあまりのタンナサワフタギと1mあまりのウツギがまばらに生える程度である。しかし，周辺部の背丈の低い所ではススキ，トダシバ，オトコヨモギ，ワラビ，オカトラノオ，ノイバラ，サルトリイバラ，コマツナギ，アキノキリンソウ，チガヤ，カワラナデシコなどのススキ草原に普通みられる植物が多数生育している。

クマイザサの中にカキランやノヒメユリが多数出現した年があるが，永続性がないのは不思議なことである。

福智山頂部の岩場ではタンナサワフタギ，イヌツゲ，ヤマツツジなどの小低木が生育し，岩の間にはシダ植物のヘビノネゴザがある。

クマイザサは福智山と鷹取山の分岐する上野越，鱒淵貯水池の上流域，山瀬分かれなどにも小群落がある。

Ⅳ．自然観察

▶平尾台

花を中心とした自然観察を楽しむ人のために，いくつかの場所を選定して解説することにした。

大平台から大平山
(2001.4.4)

平尾台の吹上峠－大平台－大平山

多くの人が吹上峠から大平山（標高586.6m）を経て貫山や中峠に向かう。大平山までは小さな子供連れでも簡単に登ることができる。吹上峠には新しく東屋やトイレが設けられた。吹上峠から大平台までの急斜面はネザサ草原であるが、台上に出るとネザサはなく、ススキ中心の草原となる。ピナクルははじめのうち少なく、大平山に近づくにつれて多くなる。

4月は山焼のあとの末黒野の中にタチツボスミレやニオイタチツボスミレなどのスミレ類、シロバナタンポポ、セイヨウタンポポ、ヒトリシズカ、ミツバツチグリ、センボンヤリなどの小形の植物の花と、ピナクルのまわりでヤブレガサの芽吹きの姿が目をひく。5月には多くの植物が芽生え、地面が緑に変わり、カノコソウ、アマドコロ、ツチグリなどのやや背の高い植物が花をつける。6月にはススキなどの高茎草本が高さ60cmくらいに伸びて、ヒメジョオン、ウツボグサ、タカサゴソウ、ヤブレガサ、オカトラノオなどが目立つ。7月にはコオニユリ、カワラナデシコ、クルマバナ、アキノノゲシ、サイヨウシャジン、ヒオウギ、ノヒメユリなどが咲く。8月の草原は中旬頃からすでに秋で、キキョウやオミナエシが咲き、ほかにノダケ、ミシマサイコ、マルバハギ、アキカラマツなどが見られる。9・10月は草原が秋の花で一杯になる季節。ノダケ、ヤクシソウ、オトコエシ、ヤマハッカ、ヒキオコシ、オトコヨモギ、ヒメヨモギ、オガルガヤ、メガルガヤ、サワヒヨドリ、ヒメヒゴタイ、ハバヤマボクチ、ヤマジノギク、ヨメナ、ノコンギク、アキノキリンソウ、シラヤマギク、ヤマシロギク、そして1年の終りをシマカンギクやリンドウが飾る。大平山からは平尾盆地をはじめ平尾台全体を見渡すことができる。

平尾台自然観察センター
と背後の丘(2001.5.11)

平尾台自然観察センターの丘

　2000年5月19日，平尾台自然観察センターが開所した。ここには平尾台の成立，石灰岩，鍾乳洞，台上に生息する動植物などを展示，解説している。ここを訪れる人は多いと思うので，センターに最も近く，しかも，簡単に登れる場所として，背後の丘をえらび，ここに生育する植物を上げる。

　この丘は大平山の道とちがってネザサ群落であり，それにススキやチガヤなどが混じっている。5月中旬に調べたとき開花していた種類はツチグリ，オカオグルマ，ウマノアシガタ，タツナミソウ，ニガナ，アマドコロ，ノアザミ，ヒレアザミ，コウゾリナ，コナスビ，ソクシンラン，ナワシロイチゴ，カノコソウ，ホタルカズラなどで，ニオイタチツボスミレやタチツボスミレ，センボンヤリなどは花期が過ぎていた。この丘には野外音楽会などの行われる浅いドリーネがあるが，この周辺はコウゾリナで埋まっていた。センターに近い所にはカセンソウの群落があり，7月に開花する。6・7月頃に咲くものとして，カキラン，サイヨウシャジン，ウツボグサ，オカトラノオ，ヒメジョオン，ヨロイグサなどがあり，8月以降に花をつける種類に，キキョウ，マルバハギ，ヤマハッカ，アキカラマツ，シラヤマギク，ヤナギアザミ，ヤマジノギク，ヨモギ，ヒメヨモギ，オトコヨモギなどがある。これらのほかにフキ，ワラビ，ゼンマイ，ヒカゲスゲなどがある。

茶ヶ床

　平尾台のほぼ中央，人々の最も多く訪れるスポットで，ここからは北側に大平山や四方台の南面に広がる広大な羊群原を，東側にはそれとは対照的にピナクルのない周防台の山並を一望できる。ベンチのある小さな丘の上から北側の丘へと

散策路がのびているので歩いてみよう。丘の一帯は4月には山焼のあとの末黒野の状態で緑はほとんどなく，小さな体のセンボンヤリ，タチツボスミレ，ノジスミレ，ニオイタチツボスミレなどの花が見られる程度であるが，5月の中旬になるとソクシンラン，キジムシロ，ツチグリ，ニガナ，タカサゴソウ，オカオグルマ，カノコソウ，アマドコロ，ホタルカズラなどの花が咲き，ヤブレガサやワラビなど沢山の芽生えで急に緑につつまれる。6月には多数ではないがカキラン，ムラサキ，ウツボグサ，フナバラソウが咲き，オカトラノオやヤブレガサも咲き始める。7月にはネザサは高さ60cm，ススキは100cmを超え散策路は歩き難くなるが，コオニユリ，カセンソウ，カワラナデシコ，ヒオウギが開花する。8月中旬からは草原は秋である。ピナクルの散在する中にマルバハギ，キキョウ，オミナエシ，ノヒメユリ，ミシマサイコ，クズ，アキカラマツ，サイヨウシャジン，コマツナギ，キセワタ，ノアズキなど秋の野を代表する植物が多数咲いて賑やかである。9月以降はヤナギアザミ，ヒメアザミ，ヒメヒゴタイ，シラヤマギク，ヤクシソウ，オトコヨモギ，ヨモギ，ヒヨドリバナ，ハバヤマボクチ，遅くにはシマカンギクなどのキク科植物とススキ，メガルカヤ，オガルカヤ，ヒメアブラススキ，モロコシガヤ，トダシバなどのイネ科植物の季節となる。

5月頃までの植物があまり茂らない時期に散策路をさらに北側に進むと深窪（ふかくぼ）を上から見ることができる。深窪はすり鉢形をしたきれいな姿の巨大なドリーネである。

茶ヶ床周辺について述べたが，以上のような傾向は見晴台付近などのピナクルの発達した所であればほとんどどこも同じである。

▶福智山周辺

八丁の頂

赤池町上野の白糸の滝から胸突き八丁を登りきるとクロマツを混じえたススキ草原になり，やがて福智山頂が見えてくる。標高850m付近では，チガヤが優占種で，ヤマヤナギ，ススキ，トダシバ，イヌツゲが続き，それらのほかにホソバノヤマハハコ，オトコヨモギ，ノコンギク，コウゾリナ，アキノキリンソウ，ヨモギ，ヒメアザミ，ノアザミ，リンドウ，ネコハギ，ヘクソカズラ，ナワシロイチゴ，ウツボグサ，ヤマハッカ，ヤマノイモ，タチツボスミレ，オミナエシ，ミツバチグリ，アオツヅラフジ，サルトリイバラ，オカトラノオなどがある。

鈴ヶ岩屋の植生。ヤマツツジやイヌツゲが岩の間に生育している（1997.6.5）

鈴ヶ岩屋

　福智山の山頂から東に草原をくだって行くと，右側に小さな丘の「鈴ヶ岩屋」がある。福智山を開山したといわれる釈教順という僧が，この岩山で金の鈴を発見したことから鈴ヶ岩屋と呼ばれるようになったという。鈴ヶ岩屋の約1haはその名のように岩山で，岩の間は高さ20-60cmのイヌツゲとヤマツツジの群落で，特にイヌツゲが多い。風の影響のためか樹高が低く抑えられていて，あたかも日本アルプスなどの高山帯のハイマツ群落の中にいるような錯覚に陥る所である。福智山側ではヒサカキ，ノイバラ，タンナサワフタギ，ウツギが混ざり，岩や樹木のすき間には，カキラン，ヒトリシズカ，アカショウマ，ドクダミ，ナワシロイチゴ，オミナエシ，ノブドウ，サルトリイバラ，シシガシラ，ゼンマイなどが見られる。

七重の滝

　渓谷に大小の数多くの滝が連続している。谷筋はイヌシデ，ミズメ，ヤマザクラ，ケヤキ，イイギリ，イロハモミジ，エゴノキなどの夏緑樹と，タブノキ，ツブラジイ，ウラジロガシ，アラカシ，カゴノキなどの照葉樹の混ざる二次林である。

　滝の岩壁には，イワギボウシ，サツマイナモリ，モミジガサ，オオチャルメルソウ，オオサンショウソウ，ヒメレンゲ，カタヒバ，ヤノネシダなど，多くの種類が着生している。なお，七重の滝より上流の川辺には沢山のセキショウが生育している。

▶帆柱山自然公園

　皿倉山・権現山・帆柱山などの一帯は北九州国定公園の一部でもあり，福智山地の北端に位置している。市街地に近い山としてはすぐれた自然が残されており市民の憩の場となっている。

皿倉山

　帆柱ケーブル山麓駅のある尾倉登山口から皿倉平までの車道は樹木のトンネルになっている。山麓部の森林はタブノキ，ヤブニッケイ，スダジイ，クスノキ，ヤブツバキ，アオキなどからなる照葉樹林で，中腹よりエノキ，クマノミズキ，エゴノキ，イヌシデ，イロハモミジなどの夏緑樹が増加する。皿倉平から国民宿舎付近にかけての一帯はイヌシデ林で，カナクギノキ，ノグルミ，エノキ，ヤマザクラ，ヤマボウシ，コハウチワカエデ，コナラなどが混じる。皿倉山（622.2m）の山頂部にはテレビ塔が立ち並び公園になっている。山頂からの展望は最高である。

　北東斜面の標高550mには国見岩がある。この一帯にはかつて広い草原があったようであるが，現在は樹木の進出が著く，草地は0.5haくらいしか存在しない。草地の上部はススキ群落，下部はネザサ群落になっていて，秋にはヒメアザミ，ヤナギアザミ，ヤマハッカ，サイヨウシャジン，ヤマシロギク，アキカラマツ，マルバハギ，アキノキリンソウ，ヤクシソウ，オミナエシ，ノコンギク，コウゾリナなどの花が見られた。珍しい植物としてノヤナギやカセンソウがある。現在草原としてはパラグライダーの飛立つ場所の方が人為的に管理されていてすぐれている。ここでは先の植物に加えて，オカトラノオ，カノコソウ，リンドウ，ヤマホトトギス，ミツバツチグリ，センブリなどが見られる。

権現山

　権現山（617.2m）には八幡西区市瀬の鷹見神社の上宮（鷹見権現）があり，かつては彦山修験道四八宿の１つがあった山である。山は概ね若いスギの造林であるが，山の西側の権現の辻一帯の標高450－500mの約４haには「皇后杉」と呼ばれる杉の林がある。杉の多くは胸高直径が90cmあまりの推定樹齢300－400年のものであるが，中には直径が150cmを超えるものもかなりあって，測定した限り

権現山のアカガシ林
(2001.10.24)

では最も大きな木は胸高周囲が562cm（直径約180cm），推定樹齢は600年であった。杉の巨木は枝打ちをした形跡がなく，枝を下部からほぼ水平に伸ばした形のものであることから，材を得ることを目的としたものではなく，信仰の対象としたものであったと思われる。杉林の中には高さ15mくらいまでのヤブニッケイ，シロダモ，タブノキ，ヤブツバキなどの高木が第二層を形成し，低木層はアオキでふさがっていて，杉の自然林の様相を呈している。

権現の辻から帆柱山・花尾山に向かって道は下降している。帆柱の辻までの間は直径30－40cmのアカガシ，スダジイ，タブノキ，ホソバタブなどの混じる美林が続く。アカガシ林というほどのものではないが標高が低く，海に近い場所でのアカガシの存在が注目される。道より斜面下方では低木や亜高木を伐採して見通しをよくしているが，本当の姿は道の上方の斜面にある。

帆柱山

帆柱の辻から山頂（488m）までは緩やかな登り，一部に造林もあるが大部分はこれまでと同様の自然林である。山頂は城址といわれ，花尾山のようにしっかりした遺構はないが，削られて平坦になっている。山頂部はヤブニッケイを中心にホソバタブ，アカガシ，サンゴジュ，ヤブツバキなどの樹木で被われており，展望は北西側で一部開けているだけである。

▶尺岳周辺

尺岳（標高608m）へは，畑観音，菅生の滝，竜王ヶ丘公園などからの道と皿倉山から福智山への九州自然歩道があり，尺岳平で出合う。尺岳の山頂は広さ6 m×15mあまりの大岩の上にあって，最上部に尺岳権現の小さな祠がある。大岩の

尺岳平。右上方が山頂，左側は
コナラ亜高木林（2000.3.30）

　西方は絶壁で，これをとりまいてクロマツ，アカガシ，ウラジロガシ，ソヨゴ，エゴノキ，イヌシデ，アカシデ，リョウブ，クマノミズキ，カマツカ，ネジキ，トネリコ，ヤマツツジ，ヤマザクラ，コガクウツギ，ミヤマウグイスカグラなどの亜高木や低木が生育している。

　尺岳平の西方一帯は亜高木のコナラ群落，四方越から尺岳の肩への登りではクマノミズキ，エゴノキ，エノキ，カナクギノキ，ミズメ，ヤマザクラ，スダジイ，ウラジロガシ，アカガシ，シラカシなどの高木がある。

　尺岳平より福智方向へ約10分で竜王ヶ丘公園への赤松尾根が分かれる。上部には直径30cmを超すリョウブ，コナラ，イロハモミジ，アカガシなどがある。

▶牛斬山周辺

　牛斬山は福智山塊の南端にあって，香春岳側から見ると三角形の頂を持つ，花こう岩の山で，山頂南側には大きな岩がある。

　牛斬山へは田川市岩屋のロマンスが丘，香春町の五徳越峠，採銅所矢山などからの登山道があり，福智山からは赤牟田の辻を経て縦走路ものびてきている。道は稜線上の防火帯の中にあり，二次草原で，平尾台とは多少違った植生が見られる。

　五徳越峠からの道とロマンスが丘からの道の出合う牛斬峠付近の草丈の低い部分では，優占種はトダシバで，それにマルバハギ，アリノトウグサ，ワラビなどが続き，ほかにセンボンヤリ，ヤマシロギク，アキノキリンソウ，ニガナ，ホソバノヤマハハコ，クララ，カノコソウ，ヤマヤナギ，ヤマツツジ，イヌツゲ，サイヨウシャジン，オトコエシ，フナバラソウ，サルトリイバラ，スズサイコ，ウツボグサ，アオツヅラフジ，アマドコロ，ススキ，ネザサ，メガルカヤなどが見

ロマンスが丘から牛斬山にいたる防火帯。いろいろな植物が見られる（2001.12.5）

られる。

　牛斬山頂に近い岩屋分かれ付近でもやはり、トダシバが優占種で、次いでシバ、オトコヨモギ、ススキ、ヒメヨモギなどの被度が高く、そのほかに、ホソバノヤマハハコ、ニガナ、アキノキリンソウ、センボンヤリ、コウゾリナ、シラヤマギク、ハバヤマボクチ、ヤマジノギク、カワラケツメイ、コマツナギ、ネコハギ、キジムシロ、ヒメウズ、サイヨウシャジン、ヤマハッカ、ウツボグサ、オミナエシ、カナビキソウ、フナバラソウ、チガヤ、メガルカヤ、サルトリイバラ、スズメノヤリ、ワラビなど、多くの種類の植物が出現する。

　牛斬山の山頂部は比較的平坦でネザサ草原であり、南に香春岳を一望できる。南側の大岩付近の斜面、標高570mでは高木や亜高木はなく、低木層の優占種はヒサカキでほかに、ネズミモチ、イヌツゲ、クロマツ、クロキ、ナワシログミ、ハマクサギなど、草木層にはヒサカキ、ネズミモチ、ネザサ、トダシバ、イヌツゲ、ツタ、クロマツ、マルバハギ、ツルマサキ、ススキ、チガヤ、サルトリイバラ、ナガバモミジイチゴ、ソクシンラン、ニガナ、サイヨウシャジン、ウツボグサ、アオツヅラフジ、ヤブマメ、アリノトウグサ、ヤマノイモ、コマツナギ、オトコヨモギ、アキノキリンソウ、カタヒバ、ワラビなどがある。

　福智山稜線上の焼立山（標高759m）ではホソバノヤマハハコ、シラヤマギク、セイタカアワダチソウ、アキノキリンソウ、ヤクシソウ、オトコヨモギ、ヒメヨモギ、ハバヤマボクチ、ヤマジノギク、コウゾリナ、センボンヤリ、ノコンギク、サワヒヨドリ、ヤナギアザミなどのキク科植物を中心に、リンドウ、オミナエシ、ツクシコゴメグサ、オカトラノオ、ヤマハッカ、ススキ、トダシバ、オガルカヤ、メガルカヤなどが生育している。

資料・解説 229

ロマンスが丘から牛斬山への登山道から見た香春岳。左から、三ノ岳、二ノ岳草原、二ノ岳（2001.12.5）

▶香春岳の二ノ岳

　五徳越峠からネザサの生える防火帯を登り、次いで、三ノ岳中腹のスギやヒノキの林を抜けるとセメント会社の道路に出る。この道は二ノ岳草原と三ノ岳との間の谷間を折れ曲がって登り、鞍部に出たあと、平坦な二ノ岳草原を縦断して、再び折れ曲がりながらイワシデ林やウラジロガシ林を抜けて二ノ岳山頂に至る。その間、道端や山の斜面に様々な植物が現れる。特にイワシデ林内ではイワシデのほかイブキシモツケ、シロバナハンショウヅル、イワツクバネウツギなどの好石灰植物を多数見ることができる。

　二ノ岳草原までの間では春の4・5月、タチツボスミレ、アオイスミレ、フデリンドウ、ツチグリ、タカサゴソウ、タツナミソウ、カノコソウ、ノアザミ、ソクシンラン、ノイバラなどがある。フデリンドウはネザサの中に生える。夏6－8月には、ハナウド、ナルコユリ、ヒメジョオン、ウツボグサ、カナビキソウ、ミヤコグサ、フナバラソウ、ノイバラ、コオニユリ、カセンソウ、スズサイコ、イヌヨモギ、キセワタ、ノヒメユリ、ヒオウギなど、秋9－11月には、ヒキオコシ、ヒヨドリバナ、マルバハギ、ヒメヒゴタイ、オミナエシ、オトコエシ、ミシマサイコ、ヤマハッカ、ヤマシロギク、シラヤマギク、ノダケ、シマカンギク、ヤクシソウ、ヤマジノギク、ハバヤマボクチ、ノコンギクなどが見られる。近年は草原ではネザサやススキなどが高茎化し、その他の地では低木が増加していて、以上のような草本類は減少している。

　二ノ岳のイワシデ林では4月下旬にイワシデの花がつき、シロバナハンショウヅルやヤマブキが咲きはじめる。5月上旬にはイブキシモツケやヒメウツギが咲

き，次いでイワツクバネウツギ，バイカウツギ，ジャケツイバラなどが咲く。6月には数は少ないがヤマボウシが咲き，樹下にはオオハンゲの花が見られる。夏にはマツカゼソウやミシマサイコ，秋にはヤマハッカやヤマシロギクなどが多い。

▶広谷湿地

　平尾台は石灰岩からなる台地で，降った雨はすべて地下の鍾乳洞に落ちている。しかし，中峠から貫山にかけての一帯は花こう岩地であるため，いったん地面に浸み込んだ雨は東側にある広谷に滲み出している。それは中峠からＮＴＴの無線中継所に向かう道路に沿っており，水は斜面を潤しながら谷の底部へと流れている。谷間はネザサに被われていて，地面の地形を詳しく見る機会はほとんどないが，時折，山焼の火が及んだりすると棚田の跡が現れる。1940年代にはここにイモ畑があり，一部には水田もあったかに思われる。

　通常，広谷湿原と呼ばれているが，泥炭層の堆積があるわけではないので湿原とはいい難い。しかし，何といっても県内には，湿生植物の生える湿地はほとんどないので，広谷は貴重な存在である。湿地にはオオミズゴケ，サワギキョウ，モウセンゴケ，ヒメシロネ，コバギボウシ，ムラサキミミカキグサ，ミズトンボ，ノハナショウブ，サギソウ，トキソウ，ヤマドリゼンマイなどの低層や中層湿原に生育する植物が見られるようになっている。

　人のよく訪れる谷の出口付近の湿地は上下２段に分かれている。湿地は1995年頃には乾燥化が進み，カヤツリグサ科の植物が繁茂したりして植生が変化してきたために，県が中心になって水位を調整し，植生調査も行われている。また，人が踏み込まないように木道が設けられた。上の段の湿地にはオオミズゴケやモウセンゴケが沢山あり，ミミカキグサ類やトキソウなどが生育するが，水の出口付近ではヨシが年々増加している。下の段の湿地は面積が広い。コイヌノハナヒゲ，シロイヌノヒゲ，カモノハシなどがほぼ全面に広がり，キセルアザミ，サワヒヨドリ，スイラン，アカバナ，ヤマドリゼンマイ，ハリコウガイゼキショウ，シカクイ，コマツカサススキ，サギソウなどが生えている。

　中峠から四方台にかけての広谷側の張り出し部分には広範囲にヤマツツジの群落があり2001年６月中旬には山肌が赤く見えるほど花が咲いた。ヤマツツジは嫌石灰植物の代表ともいえる種類であるので，このことからも広谷が石灰岩とちがった地質になっていることがわかる。

植物名索引

▶ア

アオネガズラ 192
アカショウマ 106
アカネスゲ 83
アカバナ 146
アキカラマツ 165
アキチョウジ 159
アキノキリンソウ 164
アケビ 44
アケボノシュスラン 112
アケボノソウ 149
アゼオトギリ 133
アマドコロ 63
アヤメ 96
イガホオズキ 141
イチハツ 61
イチヤクソウ 102
イチョウシダ 187
イナモリソウ 89
イヌセンブリ 177
イヌハギ 139
イヌヨモギ 155
イブキシモツケ 62
イロハモミジ 134
イワオモダカ 190
イワガラミ 67
イワギボウシ 131
イワシデ 32
イワタケ 195
イワツクバネウツギ 68
イワヤナギシダ 191
ウスキキヌガサタケ 195
ウマノスズクサ 121
ウメバチソウ 174
ウラゲウコギ 100
ウラジロイチゴ 109
ウラジロマタタビ 152
ウンゼンカンアオイ 42
エイザンスミレ 42
エゴノキ 95

エゾニガクサ 105
エドヒガン 33
エビネ 65
オウギカズラ 81
オオキツネノカミソリ 118
オオナンバンギセル 125
オオバナヤマサギソウ 93
オオバヤドリギ 172
オオハンゲ 99
オオミズゴケ 193
オオルリソウ 109
オカウツボ 101
オカオグルマ 75
オカトラノオ 114
オキナグサ 41
オタカラコウ 145
オニシバリ 35
オニバス 138
オミナエシ 148
オモト 46

▶カ

ガガブタ 142
カキラン 104
ガシャモク 117
カセンソウ 115
カツラ 181
カノコソウ 75
ガマズミ 76
カマツカ 67
カヤ 153
カラタチ 58
カワヂシャ 57
カワミドリ 159
カワモズク 194
カワラナデシコ 120
キエビネ 66
キガンピ 126
キキョウ 122
キジカクシ 70
キジムシロ 34

キセワタ 131
キチジョウソウ 169
キツネノカミソリ 136
キドイノモトソウ 185
キバナアキギリ 144
キビシロタンポポ 36
キビノクロウメモドキ 64
キュウシュウコゴメグサ 147
キヨスミウツボ 106
キランソウ 50
ギンバイソウ 116
キンモウワラビ 189
キンラン 80
ギンラン 79
ギンリョウソウ 58
ギンレイカ 108
クサフジ 122
クモキリソウ 96
クモノスシダ 186
クロバイ 54
クロミノサワフタギ 73
クロヤツシロラン 154
ケマルバスミレ 71
ゲンカイツツジ 32
ゲンカイモエギスゲ 68
コオニユリ 110
コキンバイザサ 62
コゴメウツギ 94
コシオガマ 171
コショウノキ 30
コタニワタリ 186
コチャルメルソウ 38
コックバネウツギ 73
コバノチョウセンエノキ 60
コバノトンボソウ 103
コバノフユイチゴ 77
コバノボタンヅル 149
コマユミ 69
コメガヤ 59
コヤブデマリ 71

232

▶サ

サイハイラン 74
ザイフリボク(シデザクラ) 45
サイヨウシャジン 156
サギソウ 125
サツマイナモリ 49
サワオグルマ 74
サワオドリギ 111
サワギキョウ 124
サワヒヨドリ 166
シオガマギク 143
シギンカラマツ 160
シコクスミレ 51
シマカンギク 178
シュウメイギク 167
ジャケツイバラ 69
ジュンサイ 142
シラヤマギク 169
シラン 70
シロバナハンショウヅル 52
ジロボウエンゴサク 57
ジンジソウ 158
スイラン 136
スズサイコ 123
スズシロソウ 38
センブリ 167
センボンヤリ 31
ソノエビネ 66

▶タ

タイリンアオイ 61
タカサゴソウ 76
タカネハンショウヅル 161
タシロラン 113
タチツボスミレ 43
タチデンダ 189
タツナミソウ 63
タンナサワフタギ 93
チョウジガマズミ 46
チョウセンガリヤス 173
ツキヌキオドリコ 102
ツクシコゴメグサ 147

ツクシショウジョウバカマ 31
ツクシタツナミソウ 72
ツクシタニギキョウ 40
ツクシタンポポ 35
ツゲ(アサマツゲ) 181
ツチアケビ 145
ツチグリ 56
ツリフネソウ 151
ツルアジサイ 78
ツルデンダ 188
ツルマサキ 100
ツルミヤマシキミ(ツルシキミ) 54
ツレサギソウ 85
テリハアカショウマ 105
デンジソウ 193
トウゴクサバノオ 39
トキソウ 94
トチバニンジン 112
トベラ 87
トモエシオガマ 143

▶ナ

ナガバモミジイチゴ 97
ナギナタコウジュ 177
ナチクジャク 188
ナチシダ 185
ナツエビネ 129
ナツトウダイ 40
ナメラダイモンジソウ 170
ナベナ 139
ナルコユリ 64
ナンゴクウラシマソウ 60
ナンテン 180
ナンバンギセル 144
ナンバンハコベ 157
ニオイタチツボスミレ 43
ニガクサ 117
ニラ 132
ニリンソウ 55
ヌマトラノオ 114
ネコノチチ 154
ノコンギク 173

ノダケ 150
ノタヌキモ 155
ノハナショウブ 104
ノヒメユリ 116
ノヤナギ 72
ノリウツギ 126

▶ハ

バイカイカリソウ 41
バイカウツギ 87
ハイメドハギ 157
バクチノキ 180
ハコネウツギ 78
ハシリドコロ 36
ハダカホオズキ 179
ハナイカダ 99
ハナウド 84
ハハヤマボクチ 160
ハンカイソウ 98
ヒオウギ 118
ヒキオコシ 170
ヒキヨモギ 123
ヒツジグサ 163
ヒトリシズカ 33
ヒナノキンチャク 151
ヒノキバヤドリギ 171
ヒメアザミ 176
ヒメウツギ 59
ヒメウラシマソウ 82
ヒメシロネ 137
ヒメナベワリ 80
ヒメハギ 48
ヒメバライチゴ 97
ヒメヒゴタイ 161
ヒメレンゲ 79
ヒヨドリバナ 168
ビロードシダ 191
ビワ 101
フウトウカズラ 164
フウラン 113
フジ 53
フジシダ 184
フクリシズカ 81
フデリンドウ 47

フナバラソウ 86
フモトスミレ 51
フヨウ 133
ヘビノネゴザ 190
ホウビシダ 187
ホウライカズラ 119
ホウライシダ 184
ホオズキ 130
ホザキノミミカキグサ 128
ホソバノヤマハハコ 172
ホタルカズラ 49

▶マ

マキエハギ 124
マツカゼソウ 130
マツバニンジン 138
マネキグサ 140
マムシグサ 50
マメヅタラン 89
マルバサンキライ 83
マルバノホロシ 179
マルバマンネングサ 111
ミクリ 120
ミシマサイコ 148
ミズオオバコ 129
ミズタビラコ 82
ミズトンボ 127
ミズヒキ 152
ミゾホオズキ 92
ミツバコンロンソウ 39
ミツバツチグリ 56
ミツバベンケイソウ 162
ミツマタ 30
ミミカキグサ 127
ミヤコイバラ 92
ミヤコミズ 158
ミヤマイラクサ 140
ミヤマフユイチゴ 146
ムカゴニンジン 137
ムギラン 88
ムクゲ 132
ムクロジ 153
ムサシアブミ 65
ムベ 44

ムヨウラン 103
ムラサキ 85
ムラサキセンブリ 178
ムラサキミミカキグサ 128
メギ 45
モウゼンゴケ 107
モモ 34
モロコシソウ 110

▶ヤ

ヤクシソウ 162
ヤナギアザミ 175
ヤブレガサ 108
ヤマアザミ 175
ヤマカシュウ 77
ヤマジノギク 166
ヤマジノホトトギス 150
ヤマシャクヤク 48
ヤマシロギク(イナカギク) 163
ヤマツツジ 95
ヤマドリゼンマイ 182
ヤマナシ 119
ヤマハッカ 165
ヤマブキ 52
ヤマフジ 53
ヤマボウシ 98
ヤマホオズキ 141
ヤマホトトギス 107
ヤマラッキョウ 174
ヤマルリソウ 55
ユリワサビ 37
ヨロイグサ 115

▶ラ

リュウキュウコザクラ 47
リュウキュウマメガキ 156
リンドウ 168
ルリミノキ 176
ロクオンソウ 121

▶ワ

ワサビ 37

引用・参考文献

角野康郎，1994．日本水草図鑑．文一総合出版，東京．

環境庁編，2000．改定・日本の絶滅のおそれのある野生生物 ―― レッドデータブック8 植物I（維管束植物）．財団法人自然環境研究センター，東京．

環境庁編，2000．改定・日本の絶滅のおそれのある野生生物 ―― レッドデータブック9 植物II（維管束植物以外）．財団法人自然環境研究センター，東京．

北九州市教育委員会，1973．カルスト台地平尾台の植生とフロラ．

熊谷信孝，1973．福智山の植物（1）．生物福岡13号．

熊谷信孝・荒木幸男，1975．福岡県田川地方における石灰岩地の植生．生物福岡15号．

熊谷信孝，1988．イスノキを伴ったイワシデ群落．生物福岡23号．

熊谷信孝，1988．香春岳（二ノ岳）のイワシデ林．生物福岡28号．

熊谷信孝，1986．香春岳の自然．葦書房，福岡．

佐竹義輔ほか（編），1981．日本の野生植物 草本III．平凡社，東京．

佐竹義輔ほか（編），1982．日本の野生植物 草本I．平凡社，東京．

佐竹義輔ほか（編），1982．日本の野生植物 草本II．平凡社，東京．

佐竹義輔ほか（編），1989．日本の野生植物 木本I．平凡社，東京．

佐竹義輔ほか（編），1989．日本の野生植物 木本II．平凡社，東京．

岩槻邦男（編），1992．日本の野生植物 シダ．平凡社，東京．

筒井貞雄，1988．福岡県植物目録 1．シダ植物．福岡植物研究会．

筒井貞雄（編），1993．福岡県植物目録 2．福岡植物研究会．

時田房枝，1994．歌と植物を語る会会報14号．

中島一男，1952．福岡県植物目録．福岡県林業試験場時報 6．

福岡県高等学校生物研究部会編，1975，福岡県植物誌．博洋社，福岡．

福岡県，1979．第2回自然環境保全基礎調査 植生調査報告書．

福岡県環境部自然環境課，2001．福岡県の希少野生生物 福岡県レッドデータブック2001．

益村聖，1995．九州の花図鑑．海鳥社，福岡．

宮脇昭編，1981．日本植生誌 九州．至文堂，東京．

横田直吉退職記念出版会編，1982．平尾台の石灰洞．日本洞窟協会，山口．

唐木田芳文ほか，1992．日本の地質9『九州地方』．共立出版，東京．

吉岡重夫，1964．北九州の植物．北九州植物友の会．

山中二男，1965．日本のイワシデ群落．高知大学学術研究報告 第13巻，自然科学I 第4号．

山中二男，1966．九州中部の石灰岩植生とくにアラカシおよびイワシデ群落について，高知大学学術研究報告 第15巻，自然科学I 第1号．

山中二男，1966．アラカシ－ナンテン群集について．高知大学学術研究報告 第15巻，自然科学I 第2号．

熊谷信孝（くまがえ・のぶたか）
1936年　福岡県田川郡赤池町上野に生まれる。
1960年　岡山大学理学部生物学科卒業。
福岡県立田川高等学校教諭（1962－1997年），植物地理・分類学会会員，ＫＢＣ水と緑の委員会委員，福岡県環境教育アドバイザー，日本自然保護協会自然観察指導員など，専門は植物形態学および生態学。
1997年　福岡県教育文化功労者表彰。
専門分野の論文のほか，著書に『香春岳の自然』，『英彦山地の自然と植物』（葦書房），共著として『福岡県の希少野生生物・福岡県レッドデータブック2001』（福岡県），『筑豊を歩く』（海鳥社），『赤池町史』，『添田町史』，『川崎町史』，『庄内町誌』，『香春町史』などがある。
住所　福岡県田川郡赤池町上野2021－3

貫・福智山地の自然と植物

■

2002年11月20日　第1刷発行

■

著者　熊谷信孝
発行者　西　俊明
発行所　有限会社海鳥社
〒810-0074　福岡市中央区大手門3丁目6番13号
電話092(771)0132　FAX092(771)2546
印刷・製本　株式会社西日本新聞印刷
ISBN 4-87415-356-9
http://www.kaichosha-f.co.jp
[定価は表紙カバーに表示]

海鳥社の本

絵合わせ 九州の花図鑑　　　　　　益村　聖

九州中・北部に産する主要2000種を解説。1枚の葉から植物名が検索できるよう図版291枚のすべてを細密画で示し、小さな特徴まで表現した。

Ａ５判・624ページ・6500円

由布院花紀行　　　　　　文　高見乾司
　　　　　　　　　　　　　写真　高見　剛

折々の草花に彩られ，小さな生きものたちの棲む森は，歓喜と癒しの時間を与えてくれる。美しい由布院の四季を草花の写真とエッセイで綴る。

スキラ判（205×210）・168ページ・2600円

季寄せ 花模様　あそくじゅうの山の花たち正・続　橋本瑞夫

雄大なあそ・くじゅうの自然を舞台に咲き誇る春から秋にかけての山の花を見事にとらえた写真集。写真・エッセイ・例句・花の解説で構成。

Ｂ５判変型・各224ページ・各3000円

野の花と暮らす　　　　　　麻生玲子

大自然に抱かれた大分県長湯での暮らし。さらに喜びを与えてくれるのは，野に咲いた花たち。四季折々に咲く花をめぐるフォト・エッセイ。

Ａ５判・130ページ・1500円

山庭の四季　久重・山麓だより3〜5　　文　藤井綏子
　　　　　　　　　　　　　　　　　　　絵　藤井蕾子

久重山麓で暮らす母と娘が，草花との語らいをエッセイとスケッチで綴るシリーズ。花に寄せる思いと山里と過ごす日々の哀歓が伝わってくる。

Ａ５判変型・各約120ページ・3＝1068円，4＝1200円，5＝1262円

福岡県の山歩き　ハイキングから一日登山まで●82コース　福岡山の会編

全コースにカラー地図と写真を掲載，交通・寄り道ポイント・温泉などの情報欄，初心者向けワンポイント・アドバイスを収録した徹底ガイド。

Ａ５判・130ページ・1800円

＊価格は税別

海鳥社の本

おとなの遠足
勝瀬志保 著
竜田清子

地図を片手に遠足へ行こう。海へ、山へ、島へ、川へ、街へ——。気ままで陽気なウオーキング。福岡県内選りすぐり35コースを絵地図で案内。
Ａ５判・160ページ・1800円

ちょっと遠くへ おとなの遠足
勝瀬志保 著
竜田清子

寄り道，道草，迷い道。のんびり自由なおとなの遠足。大空のもとで運動したら心も体も一新。歩いてみたい九州北部と山口の快適な道を紹介。
Ａ５判・162ページ・1800円

九州の東の端から西の果てまで 里山遠足
勝瀬志保 著
竜田清子

大分の鶴見崎から長崎の神崎鼻へ。木の芽立ちの古道、のどを潤す湧き水、野辺の神、心ひかれる風景に足を止めながら、里山をつないで歩く。
Ａ５判・144ページ・1800円

大分・別府・湯布院を歩く　ワンデイ・ハイク100コース
河野光男 他著
高見乾司

海に面し山に抱かれ，大いなる自然の恵みがあふれている大分。歴史遺産や文化財探訪、森歩きや温泉場めぐりなど、テーマごとのハイキング。
４６判・220ページ・1500円

北九州を歩く　街角散策から日帰り登山まで●全100コース
柏木 實 他著
時田房恵

特異な歴史と恵まれた自然環境をもつ北九州。歴史・民俗・植物・野鳥・登山などの専門家が、とっておきのハイキング・コースを選んで案内。
４６判・234ページ・1500円

筑豊を歩く　身近な自然と歴史のハイキング
香月靖晴他著

修験道の霊山・英彦山、豊穣な実りをもたらす遠賀川など、多彩な歴史と風土をもつ筑豊地域。半日から１日で歩くハイキング・コースを紹介。
４６判・208ページ・1500円

＊価格は税別

海鳥社の本

秋月街道をゆく　　秋月街道ネットワークの会編

小倉－田川－秋月－久留米を結ぶ全長約90キロの道。秀吉や参勤の諸大名が，商人や旅人が，そして竹槍一揆勢が往還した古道の歴史と自然。

Ａ５判・120ページ・1600円

暮らしの鳥ごよみ　　城野茂門

暮らしの中で出合う鳥たちの生態やエピソード，人間との様々なふれあい等，30年のウオッチャーならではの温かくてちょっぴり辛めの鳥談義。

４６判・256ページ・1650円

新編 漂着物事典　　石井忠

玄界灘から海外にまでフィールドを広げ，歩き続けた30年。漂着物の民俗と歴史，採集と研究，漂着と環境など，関連項目を細大漏らさず編成。

Ａ５判・408ページ・3800円

和白干潟の生きものたち　　逸見泰久

海の揺り籠といわれ，無数の生命が育つ干潟。そこに生きるものの不思議な営みを，渡り鳥の中継地として知られる和白干潟を通して紹介する。

４６判・232ページ・1553円

福岡県の城　　廣崎篤夫

福岡県内各地に残る古代・中世の城址を，丹念な現地踏査と文献・伝承研究をもとに集成した労作。308カ所を解説，縄張図130点，写真200点。

Ａ５判・476ページ・3200円

北九州の100万年　　米津三郎監修

地質時代から現在まで，最新の研究成果をもとに斬新な視点で説き明かす北九州の歴史。執筆者＝中村修身，有川宜博，松崎範子，合力理可夫。

４６判・282ページ・1456円

＊価格は税別